*Modern Building*

# TOKYO

# 东京
# 现代建筑寻影

［日］仓方俊辅 著

牛丹迪 译

华中科技大学出版社
http://www.hustp.com

有书至美
BOOK & BEAUTY

中国·武汉

## Area-①

### 区域一
# 丸之内、日比谷、新桥地区

## 专栏

*Area-* **2**

区域二
# 涩谷、目黑地区

专栏

## Area-③

### 区域三
# 上野、皇居周边地区

专栏

建筑师传奇

## Area-④

### 区域四
# 新宿、四谷地区

专栏

建筑师传奇

Area-⑤

区域五
# 世田谷地区

专栏

封面照片
现代名苑
封底照片
日本生命日比谷大厦 日生剧场

工作人员
书籍设计　原田惠都子
插画、地图　渡边铁平
编辑　吉见美香　别府美绢
支持　岛田佳代子

# 序言 邀您共赏现代建筑

## "现代"即"当下"

　　第二次世界大战以后的建筑不具有观赏价值的观念已成为过去。目前，已有四座诞生于第二次世界大战之后的建筑被指定为日本国家重要文化遗产。2016年，国立西洋美术馆主馆（1959年开馆）入选世界文化遗产名录，媒体争相报道，可谓轰动一时。

　　当然，值得一看的建筑物不光是出自知名建筑师之手的。普通住宅和老式豪宅也备受瞩目。由日本建筑爱好者团体BMC（Bldg Mania Cafe）制作的《优秀建筑写真集》向我们展示了战后建筑的魅力。矶达雄、宫泽洋共同完成的《现代建筑巡礼》系列书籍，则以文字搭配漫画的方式，愉快地向人们介绍各种知名或不知名的建筑。拙著《名建筑遗珠》亦精选了一些尚不为人熟知的建筑，为人们鉴赏建筑提供了更多的选择。

　　但依旧存在不足。能够直击核心，通俗易懂地阐明某一建筑为何有趣的书籍尚属少数。因为出自名家之手所以不同凡响，因为代表了当时技术的最高水平所以卓尔不群，因为建于昭和（1926—1989年）年间所以别有一番风味……我认为这些都无法成为一栋建筑有趣的核心原因。

　　从1945年到1970年，这一时期的建筑的核心是什么？答案是"现代"。

　　英文"Modern"一词源自拉丁文"Modernus"，意为"恰好现在、当下"。如今，"昭和现代建筑"和"昭和复古建筑"意

思相近，人们也容易将二者混为一谈，但是在阅读本书时，请您忘记这些吧。本书中提到的"现代建筑"指代的是单纯意义上"现代的"（Modern）建筑。我希望能够通过这本书，使大家意识到这些现代建筑有着各不相同、多种多样的"现代"之处，同时也生动地反映着其建造年代和设计者的独特风格。

　　不知您是否听说过"现代主义建筑"？如果曾有所耳闻的话，希望您能把本书当作"现代主义建筑"的战后篇。

　　只是，这里的"现代主义"的英文表述为"Modernism"，它本来是"近代主义"的意思。英语中，"ism"是常见的名词后缀，为汉语"主义、主张"之意。因此，英语中不会使用"Modernism Architecture"这一双名词的表达，而是使用形容词修饰名词的"Modern Architecture"。较早的时候，在日本，人们根据字面意思，将"Modern Architecture"译作"近代建筑"。然而，自20世纪70年代起，人们开始将日本幕末[①]以后的建筑统称为"近代建筑"。随后，为了进行区分，日本人自创出"Modernism建筑"这一广为流传的组合词语，意为"现代主义建筑"。

　　不过，本书中并不打算涉及各种深奥的主义、主张，只是想要尽可能简单地直击现象核心。因此，将"现代的"（Modern）建筑统称为"现代建筑"。

---

① 幕末：日本历史时期，一般认为幕末时期是日本近代史的开端。

巴乐斯赛德大厦（p119）

安与大厦（p163）

新有乐町大厦（p024）

## 第二次世界大战以后
## 大放异彩的现代建筑

现代建筑早在第二次世界大战以前便已出现。拙作《东京复古建筑寻影》中,我将不同于现代风格、追求传统风格的建筑定义为"复古建筑",专业术语为"样式主义建筑"。自19世纪末开始,世间逐渐呈现出想要挣脱这种常识的动向。

19世纪90年代,主张告别传统样式的新艺术运动风靡一时。美国建筑师弗兰克·劳埃德·赖特打造出一系列不受限于过往风格的住宅建筑。1920年,日本分离派建筑会成立,他们自立门户,主张彻底告别历史主义建筑圈。创办于1919年的德国包豪斯学校在20世纪20年代中期明确贯彻无装饰、功能性强等现代设计教育理念,法国的勒·柯布西耶和德国的密斯·凡·德·罗也都在这个时代以创新者之姿扬名天下。1925年巴黎世界博览会的主题是"装饰艺术与现代工业",使机械的美感得以融入奢华的装饰。

但是,第二次世界大战成为建筑领域的一大分水岭。复古主义和精神主义随着战争逐渐消亡,国际主义和技术主义在战争中延续了下来。二战以前,现代建筑像新装饰艺术一样,是一种适用范围窄的奢侈品,但二战以后,它们越来越多地进入人们的视野。

第二次世界大战以后,现代建筑逐渐成为世界主流,而在日本能够尤其明显地感受到这种变化。近代高楼辅以日式屋顶的帝冠式建筑在昭和时代初期十分流行,而二战结束后,日本人将这种建筑样式视为一种错误,开始反省它的存在。说到底,当时的观念认为所有植根于样式的建筑都是落后、过时的。随着日本华族这一贵族阶层的消失,西式洋房也失去了市场。即使在美国,现代建筑也是在二战以后才开始被大众广泛接受的,但这毫不影响日本人对现代建筑的向往,以及拼命跟上世界脚步的决心。

二战以后的日本是现代建筑领域的优等生。当时,直接的日式和风设计成为禁忌,将日式风格融入现代高楼的这种战前已存在的做法则大放异彩,以丹下健三为代表,日本陆续涌现了一批国际级建筑大师。

在战前复古建筑的世界里,日本只是被动接受的一方,而在战后现代建筑的时代里,日本一跃成为主动引领的一方。在东京高密度地存在着很多现代建筑,值得探寻个中秘密。下面,我将从特色设计的角度出发,带领大家一同领略这些开辟新时代的现代建筑的魅力看点。

## 现代建筑的看点

### 内外相连的通透感

您是不是经常能见到这样的建筑？墙壁与天花板使用相同材料，并设置玻璃立面，利落地区分内外空间。有时还能看到外部模样与内部房间形状相对应的那种设计。现代建筑既不希望用分隔内外的墙壁封锁人们的活动范围，也不希望用过于繁复的内部装饰来限制人类的行动。因此，设计者经常通过这种简单的操作营造出内外相连的效果，使内外空间同时变得更加理想。

秀和青山公馆（p077）

### 最小设计的最大效果

现代建筑乍一看十分简洁。究其原因，是因为设计者不墨守成规，不直接延用过往样式，为了使每一根线条都恰到好处而煞费苦心。同时欣赏建筑的内部与外部，就能发现很多精致巧妙的设计。凸出的箱体既能增加内部房间的面积，又能在外部充当房檐。诸如此类，看似简单的设计可以实现多种功能的例子不在少数。设计者们仿佛在比赛谁能用最简单的步骤解答出最难的问题一样，十分有趣。

塞雷纳名苑（p090）

东京圣玛利亚主教座堂（p159）

## 前所未见的形状

　　一味地延用过往做法无法产生进步，也等同于对"当下"应承担的责任弃置不顾。因此，现代建筑会避免使用容易让人联想到往昔建筑的外形和装饰。这种自断退路的思考方式，也变相推动了很多形状新颖的建筑的诞生。

## 展现材料本身的美感

　　现代建筑很少会对材料表面进行喷涂、装贴等处理。这是因为建筑师们已经意识到了材料本身的美感。钢铁强劲有力，玻璃通透且能增强空间感，混凝土既可打造岩石之感又可打造树皮之感，还有瓷砖、铝材、预制混凝土、珍珠贝等。丰富的材料和手工的乐趣时常让人感到放松。

帝国剧场（p033）

NEW新桥大厦（p021）

## 冷酷的机械感

　　淡淡重复图案的冷酷感在现代建筑中十分常见。无论是从上到下如复制粘贴一般的窗户和墙壁，抑或是顶部略显沉重的"无重力感"设计，都体现了现代建筑的美学追求。营造出一种不将数量和重力当回事的机械未来感。

巴乐斯赛德大厦 (p119)

## 表现出组合感

一如前述内容，现代建筑由精心的"小"设计和冷酷的机械感组合构筑而成。地面、柱体的构造等信息都是看得见的，这也是现代建筑的一大特色。简单明了，实在令人愉悦。同时，更换或翻修也很方便。

## 可以感受到人的活动

现代建筑倡导以人为本，人的活动是其核心之一。因此，设计者往往很重视人活动时所感受到的空间感。扶手设计十分讲究也是其中一环。实地参观现代建筑并漫步其中，您就能够明白我想表达的意思了。现代建筑是体感的建筑。

东京法语学院 (p141)

上述现代建筑的看点本书均有介绍，并配有由摄影师下村忍拍摄的精美照片。想必您也会惊叹于空间的一体感，沉醉于结构的美感，也会从这种人类开辟未来的感觉中获得勇气。

哪怕只是看这些照片，也能感受到它们和最近的建筑有所不同吧。考虑到现代建筑非常重视空间感，如果条件允许的话，请您一定亲自实地参观，说不定会有更多的发现。

如今依然被爱着的现代建筑现在也在以美丽的姿态"活"着。人们经常修缮它们，也爱惜地使用它们。看到这些建筑，就会联想到生活在那个年代的人们，以及这些作品背后的工作人员。这让我们可以更加鲜活、更加有动力地活在当下。每个时代都有每个时代的烙印，空前绝后的现代建筑对东京来说也是一笔宝贵的财富。

那么，让我们出门散步吧！

2017年8月
仓方俊辅

*Modern Building*
*TOKYO MAP*

东京现代建筑
地图

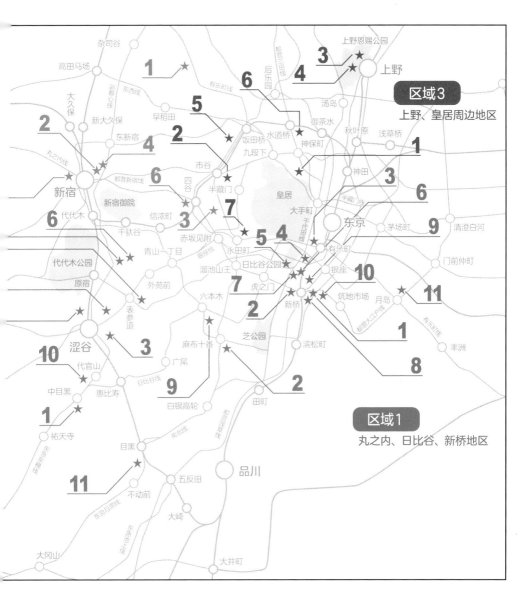

区域3

上野、皇居周边地区

区域1

丸之内、日比谷、新桥地区

向西洋美术馆致敬

融入公园自然景致的
音乐殿堂

要在上野公园里建一座音乐殿堂，想必不是一件易事。

设计者是前川国男是勒·柯布西耶的弟子。这幢建筑的清水混凝土及右材墙壁等设计均与对面的国立西洋美术馆有异曲同工之处。但柯布西耶的玻璃窗框与国立西洋美术馆里隙动感十足的白叶墙相映。

不过，前川并未一味地模仿老师。他从柯布西耶那里学了许多重要的一点——空间结构与建筑的关键。另外，前川也有自己别俱的来的别的理念。他认为，对于建筑来说，经过深思熟虑的设计方案和实打实的精湛技术是至关重要的。

进入建筑内部出很然有一种置身户外的感觉。玻璃窗将公园的绿意引入室内，和室内装潢融为一体，形似照叶的地面瓷砖而来，是面向事务所的设计师们放大量对阔偏出出的自然美感。

再往里走，就会看见一大为艺术而生的人工空间。合理配置的座椅和由艺术家之手的音响反射板接待人更容易沉醉于精彩的演出之中。厚实墙壁的对遮反生暂的遮拦现实的世界。

在供人享受中场时到的休息室里，人们可以再次恣意地感受自然。这里观如置于文化旧时大地一般。通向各大、小音乐厅的地面上的弧圈非常随圆，可谓是浑然不动。

基于精细的设计和施工而建成的空间，使自由开放的公园和严谨注重的艺术的并存成为现实。

① 东京文化会馆
  *Tokyo Bunka Kaikan*
② 1961
③ 前川国男
  *Kunio Maekawa*
④ 竹5结构地上5层，地下3层

⑤ ●交通方式
⑥ ●其他信息

---

本书标示方法

① 建筑或设施的名称（括号内为旧称）

② 竣工年份　※仅标注大规模增建、改建
  年份

③ 设计者姓名

④ 构造、层数　※RC结构指钢筋混凝土
  结构、SRC结构指钢架钢筋混凝土结构、
  S结构指钢架结构

⑤ 地址、最近的车站

⑥ 设施的营业时间、开馆时间等

## Attention!

### 注意

◎非建筑物对外开放时间请勿擅自入内。
  部分建筑物可能设有开放日等。

◎一些场所可能不允许在建筑用地及设
  施内拍照、写生等，请务必遵守现场
  纪律。

◎如需进行团体参观或商业活动，请提
  前联系工作人员进行预约，取得许可
  后方可前往。

◎此外，请遵守公共礼仪，让我们一起
  壮大现代建筑爱好者的队伍吧！

◎本书所载内容以2017年7月的情况为
  准。后续开放时间、用途、外观、内
  部装修或有变化，请提前进行确认。

# Area-

**1**

区域一

## 丸之内、日比谷、
## 新桥地区

*Marunouchi, Hibiya, Shinbashi*

*Shinbashi-ehimae Bldg. No.1 & 2*

# 这绝妙的凹凸感

新桥站前大厦
1、2号馆
*Shinbashi-ehimae Bldg.
No.1 & 2*

*1966*

佐藤武夫
*Takeo Sato*

SRC 结构 地上12层、地下4层/
地下3层

## 字体的韵味

不知从何时起，我们已经习惯了被各种现成字体包围的现代街道。曾几何时，随处可见的是分明且饱满的文字标语。这座大厦使用的字体据说与江户时代的看板文字颇有渊源。

● 交通方式
港区新桥 2-20-15/2-21-1
JR新桥站步行1分钟

● 其他信息
约有60家餐饮、零售等商家进驻。
营业时间、休息日以各店铺公告为准。

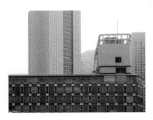

墙体上铺满了直线组合，体现了设计和施工的精细程度。因横截面呈"U"形而得名的U形玻璃亦发挥了正面作用。整体设计体现出经济高度增长期的日本人想要给人留下怎样的印象，即使放在现在也觉得相当新鲜。

## 玻璃格纹
## 合理又风流

提到新桥，人们往往会联想到"风流"二字。大厦完工时，设计者佐藤武夫也坦言华丽的格纹设计确实与其对新桥的这种印象有关。迈入昭和时代、第二次世界大战尚未开始的那段时期，恰好也是新桥风流逸事盛行的时期，而佐藤正好经历过那个时期，怪不得他会有这种想法。

虽说果断地以合理性区分强弱效果是现代建筑的特色之一，但在这里，面对因被道路隔开而形状不规则的建筑用地，设计者选择组合使用两种铝制壁板包覆整个墙体。

这并非流于表面的时尚而已。这种设计既可以缩短建筑工期，又可以使法律规定必不可少的采光面和安全出口的设置变得更加容易。可谓设计合理，便于施工，符合几何学原理。有着玻璃帷幕的大厦

满足经济高度增长期的现代建筑的条件。它的身姿，宛如一位因成功破解难题而志得意满的少年。

然而，只是这种程度就可以彻底读懂这座大厦了吗？大厦的天台塔屋仿佛一座雕塑。仔细看的话会发现，大厦整体形成了一种构筑感很强的三层结构。具体来看，中间部分为玻璃格纹设计，下方一层形似粗梁，顶层窗棂稍显纤细。佐藤武夫表示，建筑主体选用格纹设计是因为想要营造一种并不单薄的凹凸感。这并非一座有且仅有现代特征的建筑，它足够现代，但又带有一些往昔的特质。它既不笨重，也不轻薄，自有深度，耐人寻味。

第二次世界大战以前，佐藤曾作为共同设计者，参与大隈讲堂的设计。第二次世界大战以后，他依然追寻着能够稳定人心并给予人们支撑的强大存在感。新桥站自古以来便是交通枢纽，伫立在站前的大厦与人潮熙攘的风景相得益彰，既具有现代气息，又能让人嗅到一丝不同的味道。

New Shinbashi Bldg.

带有战后小巷
气息的大厦

## 刻意打造狭窄走道和复杂内装
## 勾起人们"想喝一杯"的心情

或许出人意料，其实在夜晚繁华街区也依然毫不逊色的建筑并不多见。这座重建的大厦就是其中之一，它十分自然地与周边的繁华相得益彰。

第二次世界大战结束以后，新桥站西口一带形成了东京都内规模最大的黑市，留下了一片密集的木结构建筑，万一发生火灾将会十分危险。于是，相关单位决定拆除这些木结构建筑，重新开发这一地段，兴建钢筋混凝土建筑。原住户可优先入住。建设费用来自地下停车场及新建的住宅、写字间的收益。在合理的重建计划的支撑下，大厦终于完工。

这座大厦设有多个入口，且内部走廊四通八达。这样一来，所有进驻店铺选址再无优劣之分，不会因距入口太远而导致商家门可罗雀。举架较低和走廊相对狭窄的设计则是为了更"接地气"，防止建筑过于"高大上"而导致上班族下班路过此处却不愿进来小酌一杯。楼梯和扶梯的墙面上贴着颜色各异的瓷砖，令人印象深刻。整体来看，大厦内部宛如立体的小巷一般。

如果我们想要将整体拆解成一个一个单独的部分，就会漏掉一些重要的信息。外墙装饰亦是如此。数种宽窄不一的网眼组合在一起，既能烘托建筑的整体感，又能淡化其尺寸感。网眼相连，形成波纹效果。房间里透出来的内部灯光和映在玻璃上的外部灯光交织在一起，好不热闹！同内部结构一样，这也是建筑与外部周边环境的相互作用。

这座大厦兼具重建后所必需的统一感及重建前零散的自由感，既合理又细致。妙哉！妙哉！

设计者表示，这种由预制混凝土块构成的网眼图案的灵感来源于20世纪60年代中期流行的光效应艺术。周长总计约350米。铁路沿线的墙体外壁微妙地稍有凹陷，效果更为明显。

## NEW 新桥大厦
*New Shinbashi Bldg.*

### 1971

松田平田坂本
设计事务所
*MHS Planners, Architects &
Engineers Ltd.*

SRC+RC结构 地上11层、地下4层

摄于新桥站西口SL广场。地下一层到网眼外墙的地上四层为店铺楼层，地下二、三层为停车场，玻璃帷幕外墙的五到九层为写字间，按最初的设计，十、十一层的房间为1DK、2DK[①]的住宅。最顶部，屋顶墙面竖起向上。

---

① 日本房间户型的表示方法。开头的数字表示独立居室的数量，D指饭厅（dining room），K指厨房（kitchen）。1DK相当于一室一厨，2DK相当于两室一厨。

## 休憩场所

四层为店铺楼层和办公楼层的交界处，外面有一片屋顶广场。这里的长椅和植被也极具设计感。四楼广场每周一至周五9：00—17：00开放使用。

## 颜色各异的瓷砖

五个楼梯间墙面上铺贴的瓷砖颜色各不相同。地下一层到地上四层的扶梯旁的瓷砖由三角形和菱形组成。注重瓷砖的凹凸和色差，设计者玩心大起！

●**交通方式**
港区新桥2-16-1
JR新桥站步行1分钟

●**其他信息**
地下一层至地上四层为店铺楼层，约有300家餐饮、零售等商家进驻。

# 设计感超群
# 昭和时代的顶级楼群

新有乐町大厦
*Shin-Yurahucho Bldg.*

## 1967/1969

三菱地所
*Mitsubishi Estate*

SRC结构 地上14层、地下4层

千代田区有乐町1-12-1
JR、东京地铁有乐町线
有乐町站步行1分钟

## 三菱地所大厦群

### 新东京大厦
*Shin-Tohyo Bldg.*

## 1963/1965

三菱地所
*Mitsubishi Estate*

RC结构 地上9层、地下4层

千代田区丸之内3-3-1
直通JR东京站

### 国际大厦
*Hokusai Bldg.*

## 1966

三菱地所＋谷口吉郎
*Mitsubishi Estate + Yoshiro Taniguchi*

SRC结构 地上9层、地下6层

千代田区丸之内3-3-1
直通东京地铁有乐町线有乐町站、
直通都营三田线日比谷站

### 有乐町大厦
*Yurahucho Bldg.*

## 1966

三菱地所
*Mitsubishi Estate*

SRC结构 地上11层、地下5层

千代田区有乐町1-10-1
JR、东京地铁有乐町线
有乐町站步行1分钟

## 绝佳的多样性

即使进行了装饰也依然能称之为现代建筑，是因为它们没有因此失掉功能性、写实性及几何学特征。在电梯厅墙壁等具有实际功能的地方，设计者既展现了素材原本的特质，又加入了一些抽象性设计。诞生于制约之中的多样性绝不会让人感到厌烦，值得细细品味。

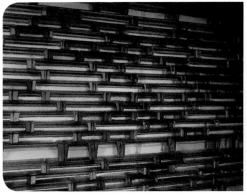 

## 丰富的内部设计
## 比外观更有看头

　　有乐町这一带展现的是昭和时代的顶级街景。从1963年建造的新东京大厦到1969年竣工的新有乐町大厦，这些大厦的高度都是按照二战前的规定执行的。它们有的线条圆滑，有的棱角突出，有的不锈钢建材存在感强烈，有的瓷砖抓人眼球，外观上的各种变化十分有趣。但实际上，这些大厦的内部设计比外观还有看头。从入口到楼梯，尽是精心的设计。

　　虽说这些大厦都建于日本经济高度增长期[①]，但具体时间又稍有不同。无论是战前昭和时代的大厦，还是20世纪70年代后竣工的摩天大楼，它们都凭借自身的特色及超高完成度使人们为之倾倒。

　　二战前规格较高的建筑普遍都展现出了欢迎访客到来的一面。这些大厦也具有类似的特性。但是，这些现代建筑更能让人感受到民主主义式的亲近感。可能是自然地使用了各种材料的原因吧。正因为昭和时代已经不流行样式性装饰，因此人们才会在设计上更加下功夫，在创造上更加真诚。

　　我发现，无论哪一幢大厦，都非常重视漫步于楼中的人们的感受。楼梯推动人们前进，随着视线的移动，楼梯扶手也会反射出不一样的光芒。瓷砖和大理石虽然看上去素朴无华，但走近时就会发现它们实际经常换上不同的"表情"。

　　可以看出，设计者有意使这个占据整个街区的大厦群的步行空间变得丰富有趣。其实这种创意起源于第二次世界大战以前，在丸大厦、三信大厦等现在已不存在的建筑中均有体现。二战结束后，这种创意被现代建筑所继承，并在细长的摩天大楼尚未成为主流的这个时期达到顶级品质。即使放眼今天，这种宛如街景一般的内部设计也相当可贵。

① 1955—1972年这一段时期被称为日本经济高度增长期。

国际大厦的入口以正方形为主题。顶部安装方格吊顶，每格内置灯具，与隔墙上五彩斑斓的格子玻璃相辅相成。在地下美食街"KUNIGIWA"的代表性标志中也可以看到这种彩色玻璃的组合。

面朝入口的有乐町大厦楼梯，是这系列大厦的
楼梯中最令人心跳加速的。直线的陶板砖墙和
曲线的不锈钢镜面扶手搭配在一起也毫无破绽，
将工艺与工业完美地结合在一起。

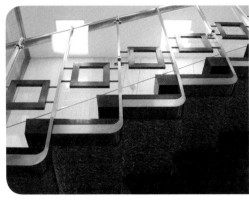 

大厦内的楼梯更注重刻画楼梯本身的特征。扶手的曲线和下端的开口说明楼梯是人类经常接触的地方。栏杆柱和踏板仿佛形成一种特有的节奏，说明楼梯是由一级级踏板连接而成的存在。整齐的楼梯背面及有效的梯井不断映入眼帘，则使人们意识到楼梯间其实是一种供视线上下移动的空间。

漂亮的楼梯艺术

## 讲究的灯光照明

这些照明灯具的设计有着一丝不动声色的美，为大厦内部营造出一种光影和谐的空间体验。要想在当时的高度限制中扩大地板面积，就不得不降低层高。因此，为了消除这样的闭塞感，设计者在灯光照明上可是下了不少功夫。

新东京大厦的内部看上去像是街道一样。现代气息十足的整面玻璃既能将室内与室外分隔开，同时又能将室外棋盘状的马路延伸进建筑内部，这种设计在第二次世界大战以前是见所未见的。设计者因而通过纤细的地板装饰与人工照明等，创造一种在室外无法实现的公共性空间。

*Imperial Theatre*

# 藏身于大厦中的剧场

帝国剧场
Imperial Theatre
1966
谷口吉郎
Yoshio Taniguchi
国际大厦内 装潢设计

闪耀的楼梯

这座楼梯不仅能够发光照亮脚下，还可以将上下空间连接在一起。用塑料封存切成薄片的七叶树和桃花心木，并在下方设置光源以实现完美的色彩搭配。内外的木纹不同，更增一层朦胧感。

● 交通方式
千代田区丸之内3-1-1
直通都营三田线日比谷站、
直通东京地铁有乐町线有乐町站

## 穿过大厦的大门
## 就是豪华绚烂的剧场

如果角落里没有注明"帝国剧场"四个字，会不会很难意识到这其实是一座剧场？其前身旧帝国剧场是日本第一家正规西洋剧场，于明治（1868—1912年）末期的1911年正式开幕，洋溢着壮丽的文艺复兴风情。现在的帝国剧场是在20世纪60年代的原址上进行重建的产物。通常，一座建筑对应一个功能，建筑外观体现这种功能。但帝国剧场与之相反，它身处大厦中隐藏其作为剧场的功能并使之成立。可以说是一项现代挑战。

走进建筑内部，浮上心头的竟是"绚烂"二字，与大厦外观给人的印象完全相反，也打破了现代建筑功能性过强反而无法让人心动的固有成见。

大厅内，灯光交织。一侧是猪熊弦一郎设计的彩绘玻璃，另一侧是伊原通夫制作的不锈钢帘幕。

灯光穿过彩绘玻璃，透出鲜艳色彩，又反射到不锈钢帘幕上。难以用语言描述这番光景，是因为光线的颜色会随着观赏角度的变化而发生改变。将艺术家们的作品置于楼梯两侧，可以看出负责内部装潢的谷口吉郎确实有意识抽考虑到了人们的行动模式。由光引导的楼梯、折纸一般的剧场内部空间，剧场内通过材料本身来表达抽象意味的设计随处可见，体现着不强加于人的日式风格。

昭和时代的帝国剧场并未沉浸在对注重装饰性的过去的幻想之中。经济高度增长期带给人们足够的自信，而正是这种自信才使人编织出帝国剧场这一难以用照片再现的实用空间。只有来到现场才能品出个中韵味，收获特别的体验。对于现代建筑来说，它是一座里程碑，它证明了通过现代的笔触也可以，不，不如说正是通过现代的笔触才能够营造出这种日本独特的剧场风情。

剧场共设有约1 900个观众席，其中一层约1 200个、二层约700个。由于设计当初以舞台观感及音响效果为第一考量，所以堂内没有任何雕刻。座椅搭配紫红色布料，幕布则以素色为底搭配金银竖纹，这两者也均是依托于材料本身的设计。这种彻底排除多余装饰的作风，即使在二战以后的大型厅堂中也是首屈一指的。这一点也与旧帝国剧场的风格完全相反。

既高雅又豪华

谷口大胆地将猪熊弦一郎的彩绘玻璃置于大厅之中。彩绘玻璃题为"律动"，表现的是日本庆典及歌舞伎浮世绘的意象。对面楼梯平台上装饰着一个仿照日本"水引"绳结形状的金色灯具，这一大胆的设计亦出自猪熊之手。

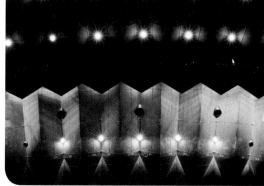

## 天花板和墙壁的秘密

形似折纸的天花板实际是由胶合板组成的。墙面上看似复杂的竖纹其实是由未进行多余装饰的柚木组合而成的。通过巧妙的设计和搭配，用廉价的材料创造出贵气十足的空间，这便是设计的魔法。巧妙的灯光布置及似有若无的和风意趣是谷口吉郎的特色。

内部墙壁使用了设计者喜爱的仿古瓷砖。
照明灯具虽然简单朴素，但又效果超群。
除此之外，大厅里还有很多值得一看的地
方，例如彩绘玻璃下方加藤唐九郎的志野
烧瓷砖，本乡新的"喜、怒、哀、乐"四
张面具，二层墙壁上胁田和的"飞天"挂
毯，贵重的开业时的标识牌等。

可以看到护城河

在这个人工世界中，唯一与外界相连通的地方便是角落里的这间咖啡厅。它两面环窗，靠近皇居，位置绝佳，视野好到令人心生艳羡。就连座椅的宽窄高矮都完美地契合室内空间，不愧是精心设计的现代建筑。

化 粧 室
REST ROOMS

コーヒースタンド

*Nippon Life Insurance Hibiya Bldg.*

## 刺激感官的曲线和色彩

## 剧场、外观、写字间
## 全域设计跳脱常识

　　这幢崭新的写字楼诞生于1963年。看到建筑外观之后，您可以能会发出"奇怪！不是剧场吗？"的疑问。为纪念公司成立七十周年，日本生命保险公司在东京新建总部大楼时，在楼内一并设置了一座正规的剧场。从那时起，日生剧场就经常招待小学生观赏音乐剧，并不断推出各种优质的儿童舞台作品，现在也延续着这一传统。大厦内部约一半为写字间，但石墙的质感和深邃的窗户的特征都与写字间的印象相距甚远。与同样是复合型大楼的帝国剧场形成鲜明对比。

　　它追求的是不同方向的未来。它的外观给人以复古建筑的印象，但下部楼层外墙向内嵌入的设计，是绝不可能出现在重视外观稳定感的战前建筑中的。其一层与勒·柯布西耶设计的国立西洋美术馆主馆相同，都是底层架空设计。

　　其内部也同样有悖常理、浮游不定。大厅里，高级大理石地面与工业材质天花板互相凝视，抽象设计风格的灯具浮于其间、照亮厅堂。有别于传统剧场里常见的厚重扶手，这里的扶手纤细到像快要消失了一样。大概每个人对这座剧场内部空间的评价都不一样吧，有人说它像洞窟一样，也有人说它有些刺激感官……不同年龄段的人对它大概也会有不同的印象吧。

　　人们往往容易被新鲜事物所吸引。村野藤吾并不认为这是一种轻率的感情。现代建筑具有不安于一处的新鲜感，这是一场关于现代建筑是否能够丰富生活的赌局。

　　村野藤吾有着不受传统或先进概念束缚的心态，以及足以驾驭某一具体建筑物的历史和质感的技术，由他创造出来的便是这座建筑。即便是现在，每次看到这幢建筑依然觉得十分新鲜。

日本生命日比谷
大厦 日生剧场
*Nippon Life Insurance*
*Hibiya Bldg.*

1963

村野藤吾
*Togo Murano*

SRC结构 地上8层、地下5层

● 交通方式
千代田区 有乐町 1-1-1
都营三田线、东京地铁千代田线、日比谷线
日比谷站 A13出口步行 1分钟

观众席一层大厅的楼梯转折处呈现
出一种类似雕刻的形状，突出浮游
感。纯白的石膏洞天花板和红色的
地毯相映，呈现出淡粉色的效果。
不同的搭配可以使同样的物体给人
不同的感受。设计者对此相当敏锐。

1）不锈钢材质的扶手看似简单实
则复杂。楼梯最上面设有两道扶手，
立柱栏杆正中央稍有膨胀，并用四
叶草形状的金属装饰物将上下两部
分栏杆连接起来，更加营造出一种
令人目眩的整体印象。2）黄铜、玻
璃搭配而成的烟灰缸还保留着当年
的样子。正是因为空间维护管理恰
到好处，不放置任何多余之物，所
以这么多年来，日生剧场才能一直
这般闪耀。

可爱的扶手

目前剧场内共有1 334张观众席。一层和二层之间设有环形楼座，是体验像洞窟一样起伏的墙面的最佳位置。

令人瞠目的职人技艺

天花板的设计也别具风格，在淡紫色石膏基底上贴饰了大量的珍珠贝。越靠近灯光窟窿的地方贴得越密集。墙壁上使用了大量的玻璃马赛克砖，并在墙边、门边等处增加了闪亮的金色效果。这些只能在现场进行调整的设计，使人们进一步感受到材料的奥妙。

马赛克画

1）入口处压低的天花板把出自长谷川路可之手的大理石马赛克画衬托得更加显眼。如儿童一般不拘小节的图案传达着这是一座面向大众开放的剧场的信息。内外无分界，采取底层架空设计，这些现代设计手法与剧场十分相称。2）剧场上部设有采光井，光线可照进七、八层的写字间及国际会议场。这里的扶手有别于剧场，整体感觉十分"耿直"，但设计倒是和剧场一样细致。

（※办公区域通常不对外开放）

办公区域

外部墙体使用万成石，一种开采于日本冈山市的花岗岩。第二次世界大战以前，和光大厦等也曾使用万成石，但第二次世界大战以后就连用石材装饰大厦外墙都极少见，甚至称得上是异例。这幢大厦的外部不乏细节设计，例如改变石材表面粗糙度，将石材加工成曲面等，使大厦在厚重中平添一份亲切感。

优雅的外观

用铝材挤压成形工艺制造的天花板
光彩照人，就像是康定斯基、马列
维奇活跃的蓬勃兴盛期的抽象绘画
一样，既前卫又怀旧，很符合自第
二次世界大战以前便开始接触现代
建筑的村野藤吾的风格。对面的玻
璃墙出自奠定日本琉璃工艺基础的
岩田藤七之手。

一层大厅通往楼上的楼梯十分宽敞，
足以应对整个空间的规模。宽敞的楼
梯间搭配上与之风格完全相反的极细
不锈钢扶手，体现出村野藤吾的现代
冒险心。

# 三角形用地里的
# 三角建筑

● 交通方式
千代田区日比谷公园1-4
东京地铁丸之内线、日比谷线、千代田线霞关站步行3分钟
都营三田线内幸町站步行3分钟

● 其他信息
开馆时间:
周一至周五 10:00—22:00
周六 10:00—19:00
周日及法定假日 10:00—17:00
休馆日 每月第三个周一、12月29日一次年1月3日、特别整理时间

开馆当时为三层建筑。1961年4月增建第四层。
自开馆时便是这般淡绿色的外墙。改建为日比
谷图书文化馆的时候,工作人员以超高压清洗
原有的外墙人造石,并用涂料等进行表面处理,
重现开馆时的样貌。

千代田区立日比谷
图书文化馆（旧东京
都立日比谷图书馆）

Chiyoda City's Hibiya
Library & Museum

**1957/1961**

东京都建筑局
Tokyo Metropolitan Government

RC结构 地上4层、地下1层

虽说翻修时将钢窗改为了铝窗，但窗框的粗细和配置还是尽可能地保留了原本的模样。为了进一步把室外景色"借"入室内，翻修时选用了面积更大的玻璃，现在的一块相当于以前的两块。遮光部分也做了改动，以前用的是日式障子①而不是百叶窗帘。

① 障子：日式房屋中，在木框单侧糊上和纸的可拉式窗门，常用于居室采光或间隔房间，亦可与玻璃窗搭配使用以取代窗帘。

### 圆形空间和三角空间

圆形部分以前是儿童阅览室，现在变成了图书咖啡厅。三楼的三角部分以前是配有电唱机、收音机、电视等最新设备的视听室，现在变成了可将窗外绿意一览无余的阅览空间。独特的形状产生了新的用途。

### 讲究的楼梯

巧妙地配置于三角形建筑中的楼梯，现在也依然是当年的模样。人造石的打磨方式和赤松石的贴饰，堪称昭和时代室内装潢的教科书。

四层的小礼堂呈六边形。光线透过窗格照进室内，在地面投下漂亮的影子。这时，我们会意识到，啊！原来六边形也是由一个个的三角形组成的。

## 三角形、圆形、方形
## 所有现代形状隐藏其中

三角形搭配圆形组成彻头彻尾的图形式平面，让人觉得现代是一个干脆果决的时代。

这幢建筑由东京都建筑局担纲设计。因为建筑用地呈不等边三角形，所以建筑师将建筑本身也设计成这种形状。可以进行这种史无前例的设计并使其成为现实，可见当时果然是一个年轻、朝气蓬勃的时代。同在20世纪50年代，日本的其他地方也尝试建造圆形建筑。

当时的计划充满野心。当年开馆时，设计者表示他们追求的并非以往那种只能读书的图书馆，而是希望它兼具图书馆和文化中心的功能。因此，这幢建筑里还设有可以放映电影、举办演讲的礼堂，

视听室、会议室、食堂等。一幢建筑不再只对应一种功能，同时还应发挥其在所属地区的社会性作用。这是一种非常现代的想法。圆形部分是专供儿童使用的阅览室。先进的思想直接通过建筑反映出来。

2011年，它以日比谷图书文化馆的身份重新开馆，管理权由东京都移交至千代田区，并开设更贴近当地风格的博物馆。这幢建筑外观简洁大方，但内部房间设计错综复杂。不过，现在已重新规划房间功能，进一步实现了最初的设计构想——超越以往图书馆的文化设施。

湿壁画"文化之壁"也被保养得很好。重新开馆后也依然沿用"吸收日比谷公园的绿色元素"这一朴素的空间理念，并通过更新窗框等设计进一步践行。从这座非单一功能的图书馆中，我们也能感受到现代建筑的时代延续至今的文化意义。

缩减地下旧礼堂的座位数，将其改造成宽敞的日比谷集会大厅。礼堂的形状一如当年，连中央梁柱也成为室内装潢的一环。

## 极致合理的现代大厦

*NTT Kasumigaseki Bldg.*

### 极尽合理之能事
### 简洁又时尚的大厦

　　虽说现在已有众多高楼大厦拔地而起，但这幢设计于1954年并于三年后完工的电视局大厦现在依然伫立在东京的正中央。

　　这幢大厦的主要作用是放置电话交换机，也是本书中唯一一幢由人类作为配角出现的建筑。这幢建筑由1952年成立、设计过多幢电话局建筑的日本电信电话公社建筑局的设计组担纲设计。

　　当时条件允许设计组最大程度地追求合理性，结果使得建筑整体的存在感十分强。墙壁使用厚重的清水混凝土①设计。具有抗震功能的墙壁全部设置在外面。为了便于日后更换机器，内部未设置固定墙壁。

　　越往上走大型窗户的冲击力也越强，这也不加掩饰地反映了建筑的结构原理。

　　建筑下层承重更大，墙体数量也就更多。

　　二至五层为电话交换机室，一层为实验室，六层为办公室。设计当初，为了保证将来有足够的放置空间，设计组决定用整整四层楼作为电话交换机室，但其实，当时有一半的电话交换机室都用作其他用途。也是出于这种原因，四、五层专门设置玻璃砖来加强室内采光。现在这几层楼已经塞满了各种工具。人们主要在顶层的办公室活动，因此六层

窗户敞亮，结构原理和功能完美地实现了统一。

　　从整体结构到铝制扶手，其中不乏各种精心设计的小细节。对于注重条件、极尽合理的现代设计来说，需要的不是一味地整齐划一，而是因地制宜的单独设计。这幢建筑带我们找回初心，提醒我们不要忘记建筑其实是一项快乐的手工活。

---

① 清水混凝土：又称清水模，现代建筑常见手法之一。混凝土浇筑成形后，不做任何涂装、铺贴等装饰，直接将其自然表面作为饰面。

**1 F**

### NTT霞关大厦
（旧霞关电话局）
*NTT Hasumigaseki Bldg.*

**1957**

日本电信电话公社
建筑局
*Nippon Telegraph & Telephone Public Corp.*

RC结构 地上6层、地下2层

●交通方式
千代田区内幸町1-1-6
都营三田线内幸町站步行2分钟

扶手应用了铝材挤压成形工艺。设计组认为以往的木制、铁制扶手无法完全满足他们的需求，于是特意联系工厂定制了一批扶手，他们希望这种油黏土材质、形状易于手抓的扶手也能广泛应用到今后大众的生活中。不使用既有成品，而是通过定制个别部件来充实建材目录，这种做法非常符合当时的时代风格。

通过玻璃砖采光的楼梯间、仔细捆扎的电线、浸润着岁月风霜的开关、韵味十足的楼梯数字。六十年来，这幢大厦一直在城市的一角，默默地支撑着东京这座国际化大都市的通信事业。

049

# 无与伦比的线条

竣工时，这幢建筑的右侧是渡边节设计的古希腊柱式建筑——日本劝业银行总店，左侧是出自弗兰克·劳埃德·赖特之手的旧帝国酒店。三者之中，当属它楼层最高。虽说现如今它已不是附近最高的建筑，但依然难掩其作为电信电话事业中枢的光芒。

## 与总部身份相符的
## 气派外观

作为日本电信电话公社[①]的总部大厦，这幢大厦凭借高精度的施工，成为东京的一处美景。

与前面介绍过的NTT霞关大厦不同，这幢建筑的建造过程给人一种更加机械、更有组织的印象。这种差异反映出经济复兴期和经济增长期各自的时代特色。经济高度增长期的那段时间，短短一年产生的变化之大远超我们现在的想象。而且二者的用途也不一样，一个是电话局，一个是写字楼。另外，

从中也能感受到设计者的不同风格。

NTT霞关大厦的设计总负责人是当时任职于日本电信电话公社建筑局的内田祥哉。后来，内田回到母校东京大学任教，确立了衔接设计和生产的建筑构法领域。隈研吾也是内田的弟子之一。

而NTT日比谷大厦的设计则出自国方秀男之手，他曾任职于日本递信省[②]。二战以前，日本电信电话公社尚未成立的时候，日本的电信电话业务主要由递

① 是现在的日本电信电话株式会社（NTT）的前身。
② 递信省：日本曾设置过的中央行政机关，主管交通、通信、电力等事务。于1885年成立，1949年废止，是现今日本总务省、日本邮政等的共同前身。

阳台以清水混凝土为底，搭配铸铁方格腰墙及不锈钢挑梁，立面转角锐利，做工精细，仿佛摸一下就会被划伤一样。这些阳台其实还有诸多实用功能，既能遮阳，又能用作扫除、装修时供人落脚的地方，万一发生意外，还能通过它逃向外面。

信省这一行政机关负责。这幢建筑荣获第13届日本建筑学会奖，这也是国方第二次获此奖项。1963年，国方离开日本电信电话公社，创立了组织设计事务所。

栏杆上透着光的细小方格，立面转角锐利的一字形阳台，埋在阳台挑梁里的排水管……诸如此类的精细设计随处可见。各种简单的元素被恰到好处地组织起来，发挥出很好的效果。建筑外观没有一处是不透明的，看到它就会觉得，好像只要多人同心，便可其利断金。

原来日本电信电话公社也有过这样一位能够将科学的公司印象具现成形的建筑师。首都东京以自己的方式，诉说着昭和众公社的荣光。

**NTT 日比谷大厦**
（旧日比谷电电大厦）
NTT Communications Head Office

**1961**

日本电信电话公社
建筑局
Nippon Telegraph & Telephone
Public Corp.

SRC结构 地上9层、地下4层

● **交通方式**
千代田区内幸町1-1-6
都营三田线内幸町站步行2分钟

Yakult Head Office

## 超强太空感的
## 写字楼

### 国民饮料养乐多的
### 独特稳定感

　　走在中央大道上会邂逅一座感觉很棒的楼梯。1972年，养乐多总部从八丁堀搬到新桥。这幢十四层高的大型写字楼也很有服务过往行人的精神。

　　楼梯的支撑方式与以往不同，用纤细的立体桁架支撑楼梯踏板和栏杆扶手，使其看上去像是浮在空中一样。整个空间看上去仿佛是集技术精华于一身的宇宙空间站，也给人一种人类活动范围逐渐扩大的未来大概就是这样子的感觉。

　　从外面也能看到连接建筑内部的楼梯，养乐多大概也想通过这种表现形式来告诉大家它并不是一家封闭的企业吧。无论是下方像裙摆一样展开的墙壁，还是透明的入口，无一不体现着这种开放性。

　　那么，外墙为什么是绿色的？屋内屋外不断重复使用相同的天花板镶板，安装让人联想到医用器械的卤素灯，这些设计的背后有何深意？另外，远观这幢大厦却意外地发现其左右对称，展现出一种古典的稳定感。

Yakult

养乐多总部大楼
Yakult Head Office

1972

圆堂政嘉
Masayoshi Endo

SRC结构 地上14层、地下2层

1）纯白的宛如喷墨瓷砖一般的预制混凝土壁板，以及与之相映的浓绿叶色。这种人工和自然的完美结合，正如通过科学的力量以活性乳酸菌调和而成的养乐多饮料一般。2）一层靠中央大道一侧有一间玻璃展厅，其右手边连接着养乐多会堂的门厅。3）内外相通的四方形天花板营造出清洁感，并且让人感觉容易入内。4）员工出入口在建筑的背侧。

养乐多这一乳酸菌饮料是预防医学理念的产物，在日本经济高度增长期一跃成为国民饮料。公司自1968年起经营职业棒球队，并不断提升其开放的企业形象。受邀担纲设计的建筑师通过现代的笔触，将符合崛起中企业总部大楼形象的稳定感、有知名度的市民性以及生命科学领域专家引领社会发展的印象糅合在一起。这幢建筑诞生于那个人们对总部大厦和设计专家充满信任的时代，着实值得细品。

●交通方式
港区东新桥1-1-19
JR新桥站步行3分钟

## 只有核心筒
## 扎根于大地

核心筒内设有电梯、楼梯，旁边凸出的部分为办公空间。这幢传媒企业的大厦于1967年正式竣工。大厦与旁边蜿蜒的高速公路相呼应，这光景正如当时的动漫作品及杂志中所描绘的未来都市一般。但它不是朦胧静止的，而是忙忙碌碌、人头攒动的未来都市。

感觉这座未来都市中仿佛也存在着时间的变迁。只有核心筒是扎根于大地的，它肩负重任，既要支撑整体结构，又要协助实现人类的上下位移及建筑物中的上下水功能。因此，凸出的部分是纯粹的空间，想必将来也可以对其进行增建或替换吧。这是一幢能够满足流动的新时代的各种需要的、不固定且可持续变迁的建筑。

看上去，凸出的连接处和空白楼层仿佛可以起到上述特殊作用。但其实，凸出的部分并不具有结构性功能，空白楼层上也无法增建新房间。

仔细观察核心筒最顶部，会发现其背侧有一个斜面，斜面下的办公区域面积也很小。当我知道这是日本建筑依法执行"斜线限制"而导致的结果之后，对这幢建筑的整体印象好像也就没有那么清晰明快了。建筑最顶部标有公司名称，给人留下深刻印象。大概这幢大厦本身就是一座有着强烈现代风格的广告塔吧。

然而，滴水穿石，非一日之功。这幢大厦也反映了设计者丹下健三多年的对都市和建筑的看法和思想。融入创意、鼓舞未来，也是现代建筑的重要功能之一。

静冈新闻广播
东京支社
*Shizuoka Shinbun & Shizuoka Broadcasting System Bldg.*

*1967*

丹下健三
*Kenzo Tange*

SRC+S结构 地上12层、地下1层

●交通方式
中央区银座8-3-7
JR新桥站步行1分钟

# 令人心动不已
# 10平方米的胶囊房

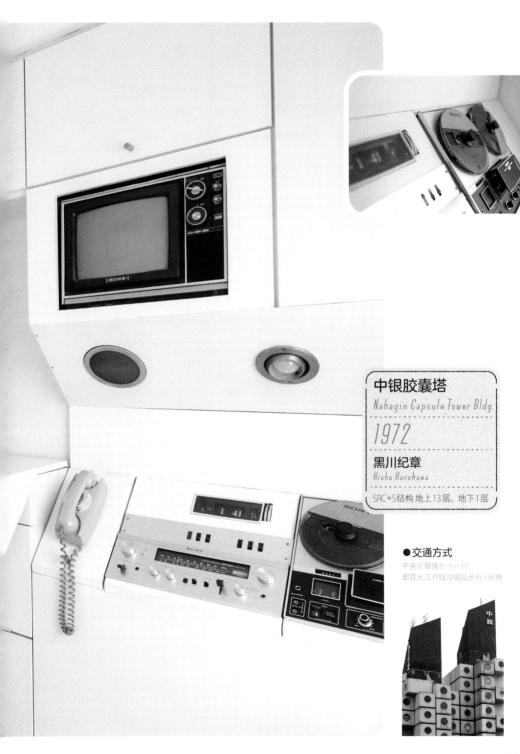

中银胶囊塔
*Nakagin Capsule Tower Bldg.*

**1972**

黑川纪章
*Kisho Kurokawa*

SRC+S结构 地上13层、地下1层

●交通方式
中央区银座8-16-10
都营大江户线汐留站步行3分钟

**140个胶囊房间**

共计140个胶囊房间，每个胶囊独立存在。一般情况下，集合公寓的外墙属于共有部分，但中银胶囊塔的外墙采取区分所有的模式，这也是它的一大特征。是解体拆除、重建新楼，还是通过大规模修缮力求保存原状？它的未来在一定程度上取决于各胶囊的所有者将如何抉择。

"中银胶囊塔保存、再生项目"提供塔内原始内装参观服务。行程、预约方式等具体信息详见以下网址。
https://www.nakagincapsuletower.com/

## "胶囊"中的
## 设计性和合理性

　　这是一幢于1972年售出的分售公寓。与众不同的是，其中每个胶囊的面积仅有10平方米。每个胶囊都由工厂提前制造，运到现场后将其连接到设有升降梯等设备的核心筒建筑里。每一个独立单元被设计成能够通过道路的最大尺寸。

　　虽说与前面丹下健三的作品有些相似，但"胶囊"这一命名非常符合设计者黑川纪章的风格，体现了他的原创性。说到可进入的胶囊人们一般会联想到胶囊旅馆。但其实，第一家胶囊旅馆诞生于1979年，其设计及命名均有参照中银胶囊塔的部分。久而久之，"胶囊旅馆"才作为一般名词为世人所熟知。

　　1960年，日本出现了一个名为"新陈代谢派"的建筑创作组织，他们认为建筑就像新陈代谢一样处于动态过程，未来的建筑必须在保有主体骨架不变的情况下持续变化，并积极宣传这一理念。黑川纪章便作为新陈代谢派中最年轻的成员而崭露头角。

　　1970年大阪世界博览会中，他们进一步推进新陈代谢运动，专为不断运动着的现代人提出胶囊建筑的构想。中银胶囊塔也成为新陈代谢派永恒的代表作之一。从刻意将胶囊悬挂在不同方向的整体造型，到配置有可收纳木桌的内部细节，无论从哪个角度来看，都可以窥见黑川将工业和生命联系在一起的独特思想，以及将这种思想平易地展现出来的卓越才能。

　　那么，中银胶囊塔究竟是一幢又窄又旧急需重建的老旧公寓，还是一幢外形和所传达的讯息都简单易懂又令人心动不已的未来居住空间？对1972年的胶囊塔来说，我们每一个生活在21世纪的人都代表着"未来"，那么，您会如何回答这个问题呢？

## 对圆形的坚持

　　设计者十分中意圆形窗户。在2007年，即他的人生的最后一年，黑川曾出马参选东京都知事，当时选举车的窗户也是圆形的。房门上下边缘呈半圆形，在勒·柯布西耶的作品中也曾出现类似设计。嵌入式视听设备也体现了当时对高科技未来的想象。

*Casa Aioi*

# 隅田川河畔的
# 元老级高层公寓

## 昭和特色的图案

近看的话便会发现，外墙的花纹图案由多种瓷砖组合而成。瓷砖可以起到保护外墙的作用，这种配色则能使污渍不过于明显，组合起来便构成了繁华都市中的极具特色的温暖一景。

**相生之屋**
*Casa Aioi*

**1973**

**中野组设计部**
*Nakano-Gumi Design Section*

HPC+SRC结构 地上14层、地下1层

内部也有高层感

穿过入口，映入眼帘的便是整齐地排列在明亮室外走廊上的一个个房间。将数百个房间尽收眼底，正是人们生活在高层公寓中的日常。

●交通方式
中央区佃2-22-6
东京地铁有乐町线月岛站步行3分钟

## 领先于时代的单间套房
## 远观亦显亮丽的橙色外墙

1973年，在木结构房屋鳞次栉比的平民住宅区，迎来了一幢在当时的东京也极为罕见的超高层分售集合住宅。

公寓共有15层，共计可容纳290户。所有房间均为约25平方米的单间套房，沿着室外走廊整齐排列。这些房间面积虽小，但五脏俱全，配备有一体化浴室及厨房水槽。

施工采用了将H形钢和工厂生产的预制混凝土构件组合起来的先进的HPC工艺。这样既可减少现场作业的工作量，又可提高建筑的抗震能力。此外，施工人员还尽量实现了阳台、栏杆等材料的标准化。实际上，这也使房间周边看起来工业气息十足。

一个个果决的判断，最终使得这里的房价十分合理。因此，相生之屋一跃成为人气公寓，引领单间套房新风尚。

外墙图案由多种瓷砖组合而成。进门即电梯的设计也使正面墙壁成为远观亦显眼的建筑标志。建筑本身堪称巨大，因此积少成多的细节亦能发挥明显的效果。

因为是集合住宅，所以住户可以与邻人合理共享一些生活细节。设计人员集中针对电梯间进行了一番装饰，图案风格偏工艺风。一千个人眼中有一千个哈姆雷特，每位住户都对这些图案有着自己的独特见解。分摊到每户的装饰费用很低，但是可以看出，为了激发每个人对图案的思考，设计者着实下了不少功夫。

担纲设计的是后来因"和世陀"等别具特色的作品而为人所知的梵寿纲。在使用本名田中俊郎活跃于建筑界的时代，他设计的集合住宅普遍很成体系。

## 时代的气息

从栏杆的组合，也能窥见这幢集合住宅的标准化特色。邮箱和照明用具等也有一种朴素的韵味。

## 工艺品的妙趣

变电室的门上也有图案。玻璃砖也使用了具有装饰性的成品。游走于具体和抽象、工艺品和工业制品之间的细节设计，也是这幢公寓与众不同的特色之一。这也是公寓形式尚未确立的时期特有的尝试和挑战。

两部电梯门上装饰着蚀刻版画。画中有少女，有风车，有羊群。面对这种寓言意象，大概每个人都有不同的理解。入口大门与电梯门的一体感十分强烈。

**电梯门上的蚀刻版画**

专栏

# 现代风格的楼梯

# Area-

## 2

# 涩谷、目黑地区

*Shibuya, Meguro*

*Meguro City Office Complex*

## 村野藤吾建筑的
## 巡礼起点

弯拱的阳台和由铝铸部件纵横环绕而成的
建筑外观。建筑整体是由约6500个单元组
成，使用当时最尖端的工业材料，描绘出
它宛如经过雕刻般立体、深邃的建筑表情。

## 旋转楼梯、茶室……
## 令人神魂颠倒的美感

知名生命保险公司总部大楼摇身一变成为21世纪的政府机关建筑。2000年，千代田生命相互保险公司宣告破产。日本五大生命保险公司之一破产，足以象征日本泡沫经济崩坏后低迷的状态。

就在人们纷纷猜测是否会将原本的总部大楼夷为平地、重新兴建高层公寓的时候，突然传出目黑区会将其购入并改造为区政府综合办公大楼的消息。当时听到这个消息，我的第一反应是日本还有救。这件事让我记忆犹新，恍如昨日。

经过抗震改造等一系列工程，这幢大楼终于在2003年投入使用，作为目黑区综合厅舍获得新生。

极具知名建筑师村野藤吾风格的优美的旋转楼梯，按现在的基准来看它其实不够高，但线条袅娜的上部扶手搭配亚克力板，依然能让21世纪的我们感受到其中的美感。既现代又奢华的入口大厅内未放置任何摆设。同时，建筑内部现在也依然保留着融入勒·柯布西耶风格的茶室。改造工程尽可能忠于原本的设计，并使其发挥最佳的效果。

当时这里还属于郊外，是一块理想的建筑用地。村野藤吾在此大显身手，发挥他将古今东西各种元素融为一体的独特本领。如果要开启村野藤吾建筑之旅、四处造访其作品的话，建议将这幢洋溢着自由气息、充分体现村野建筑风格的大楼作为巡礼的起点。它是日本经济高度增长期的品位和目黑区的卓越见识共同作用的产物。

**目黑区综合厅舍**
（旧千代田生命总部大楼）
*Meguro City Office Complex*

**1966**

**村野藤吾**
*Togo Murano*

主馆／SRC结构 地上6层、地下3层
别馆／SRC结构 地上9层、地下3层

### ●交通方式
目黑区上目黑2-19-15
东急东横线、东京地铁日比谷线
中目黑站步行7分钟

1）入口门廊处以巨大的铝制顶盖打造近代感，以左右各八根的不规则细立柱呈现其喷气机翼般的形态。在柱体、墙面与地面相接的地方也做出精巧的设计是村野的一大特色。2）游廊的墙壁和地板也是以曲面连接的。

太空感！

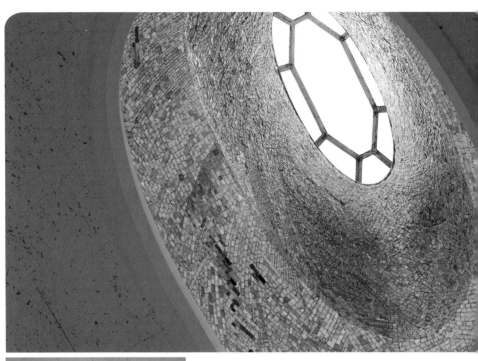

豪华！

空间延展方式充满现代感的入口大厅。细致的马赛克砖、亚克力窗饰、图案形似蜗牛和蛇的彩绘玻璃，反射在大理石上的光和个性十足的材料和谐地统一在一起。彩绘玻璃出自岩田藤七之手。

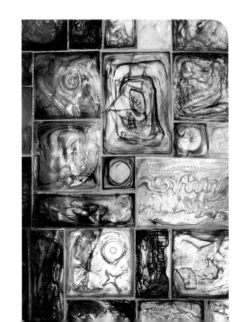

这是一座以仰视角度也能感受个中美感、连背面都不乏精心设计的楼梯。纤细别致的楼梯支撑部分以及如流水般顺畅的扶手线条，共同营造出一种浮游感。对于第二次世界大战以前的复古建筑来说，楼梯不仅是多层房屋上下连接的主要构成部分，亦是丰富建筑个性的重要部分。村野既继承了战前建筑这种浪漫的表现技法，又在其基础上增添了一丝突破传统的现代感。

"罗曼蒂克"

1）巧用建筑用地的高低差，在凹陷的池塘边配置建筑。三间和室与池塘处于同一平面。茶室式的雅致建筑与现代化设计相互碰撞，搭配铁等现代建材，进一步打造游戏之趣。

2）独特的障子门骨架让人联想到"木贼张"这种无缝铺满竹子或圆木的和风设计。建筑巨匠勒·柯布西耶十分中意突破传统的宽窄变化，村野在此处的设计便带有一丝柯布西耶的风格，与国立西洋美术馆中律动感十足的百叶窗有着些许的相似之处。村野可谓是一位擅长引用和改编的达人。

## 瓷砖、陶器、亚克力、不锈钢……
各种材料应有尽有

　　建筑的每一部分都在配合人的行动，诉说着自己的故事。主厅中可以看到各式各样的材料。用整面玻璃将背面的庭院与建筑主体隔开，是现代建筑常见的表现手法。清水混凝土立柱亦是如此。外面的阳光进入室内，照亮红色砖墙与大块瓷砖的壁面。引人注目的精心设计加强建筑整体的通风感，抬头即可见到明亮的灯光照明。荧光灯和反射板的组合对比强烈又简洁单纯，但依然能够打动人心。

　　二层的纤细栏杆亦有同样的效果。整座建筑内的设计体现出一种共性，即尽可能保留材料原本的样子，未进行过多装饰。为什么这些材质各不相同的设计看起来却没有任何不和谐之感呢？

　　空间结构大概是整个建筑的关键所在。建筑内部的另一大亮点便是入口大厅。从天花板垂下的吊灯同样以简单的组合打造出绝佳的效果。楼梯环绕着吊灯，随着人们上楼的脚步，各部分材质相同的扶手竟也看似在不断变化。

　　设计者遵循现代建筑的做法，积极发挥材料特性，强调实用性，同时也在拓宽这种设计的广度。巧妙地将设计配置于空间内部，建筑便能够随着人的移动予人以不同的感受，从不同的角度打动人心。

　　入口屋檐和阳台的形状，是建筑的不同的部分向人类发送的信号。一连串内外空间多变的设计似乎可以使人生也变得更加丰富多彩，这也是建筑的功能之一。

由香川县组织建设，1972年以"东京赞岐会馆"之名开馆。香川县亦因盛产名建筑而驰名日本，这幢建筑的设计者大江宏也是香川县建筑骨干之一。香川县立文化会馆（1965年）、香川县立丸龟武道馆（1973年）等优秀作品均出自大江之手。

**东京赞岐俱乐部**
（旧东京赞岐会馆）
*Tokyo Sanuki Club Bldg.*

*1972*

**大江宏**
*Hiroshi Oe*

SRC+RC结构地上12层、地下1层

● **交通方式**
港区三田1-11-9
东京地铁南北线麻布十番站步行2分钟

● **其他信息**
在宿设施 预约、咨询请致电03-3455-5551
花季月餐厅11：30—14：00/17：30—22：00
（最晚点餐时间20：55）

## 细节亦有趣

无论是门厅的吊灯还是主厅天花板的照
明灯，都是小单元汇成大美感的设计。
包括墙纸的选择在内，大江是在他那个
时代少有的、敢于大胆采用商品住宅风
格设计的建筑师。

材料多样

陶瓷门把、瓷砖及红砖壁面、预制混凝土天花板等，整体设计选用了各种工艺和工业相结合的材料。内外墙壁使用相同建材也是现代建筑典型的表现手法之一。

Shuwa Aoyama Residence

# 想称之为
# "秀和蓝"！

应接室

外部空间对街景和住户都很友好。设计者芦原义信是一位知名建筑师，著有《街道的美学》，十分重视由建筑打造出的外部空间和街道之间的关系。

**秀和青山公馆**
*Shuwa Aoyama Residence*

**1964**

**芦原义信**
*Yoshinobu Ashihara*

RC结构 地上8层、地下1层

● **交通方式**
涩谷区涩谷 3-3-10
JR、东京地铁、井之头线涩谷站步行8分钟

## 第一座秀和公馆
## 清晰利落的蓝色公寓

秀和青山公馆是在1964年面世的集合住宅，堪称老式豪宅的代表作，但又别有意趣。

放眼望去，目光所及之处均为直线线条。水平延伸的封闭阳台使人印象深刻。蓝色瓷砖整齐地贴在窗框下面，腰墙之外的部分皆以窗框留白。不过，这些直线线条看似简单，其实都是设计者煞费苦心想出来的。这块建筑用地呈歪斜的五边形，而且稍带缓坡。在五边形用地建设方形公寓的大胆想法，使外部空间更加怡人。

沿马路一直走，沿路风景令人心情舒畅，走到最里面便能看到秀和青山公馆的入口大厅（p079）。

墙上铺有瓷砖，照明使用日光灯，楼梯下方设有水磨面花岗岩壁龛。窗外光线也能照进笔直的室内走廊，采光良好，适宜居住。

秀和公馆其实是一组系列建筑，其中，当属1967年的秀和外苑公馆及秀和南青山公馆以后的作品比较有名。倾斜的屋顶、罗曼蒂克风的窗户、复古的阳台等西洋宅邸风格，代表着一个时代的公寓印象。

其实，这是第一座秀和公馆，是一幢只有看透其本质的住户才会倾心的现代建筑。后文提及的碧央卡名苑（p085）亦是如此，这么多年，依然能将竣工当时的清新感保留下来，堪称都市奇迹。二者皆于1964年竣工，这大概算是丰收的一年。

1

昭和素雅用色之妙

1）瓷砖和门扉的颜色都比较素雅，这种清新的感觉，与其说是老式豪宅，不如说是平民公寓。整体看上去有一种脱离日本的感觉。

2）仔细观察，会发现到处都是令人在意的形状。开阔的屋顶上用来遮挡设备的横棱条和楼梯转角处的竖棱条等，在细节上也能感受到和风意趣。

令人在意的形状

2

### 入口大厅

入口大厅基本保持着当年的原貌。半个多世纪以来，材料保养得当，日常散发着上乘的质感。入口处的透明玻璃与其对面设计精巧的饰面砖墙也都一如当年。

## 透过天窗和细缝状窗户
## 洒入室内的耀眼阳光

实在难以想象，在鳞次栉比的商业建筑的包围中，竟然有如此之大的礼拜空间。四层以上为礼拜堂。四层平面近乎正方形的空间里摆满了座椅，像是将它们包围起来一样，五层和六层也设有一些座椅。四周墙壁上只有细缝状的窗户能与外界相连通。透过设计复杂的天窗洒入室内的阳光看起来更加耀眼夺目。

这幢1966年竣工的建筑由两方设计者联名创作。其中一方为RIA建筑综合研究所。其前身为山口文象建筑设计事务所，1953年更名为RIA，取自Research Institute of Architecture的首字母，以"通过建筑专业知识解决问题"为公司理念。RIA在归教会所有的T字形用地后方建设集合住宅，使得即使在资金不充裕的条件下，也能打造出这样一座梦想中的礼拜堂。

另一方设计者为毛利武信。他负责在其余用地内完成礼拜堂的设计。为了能够在边长约20米的方形用地中设置连接内部空间和集合住宅的通道，他采用了在建筑四角设立四角锥的结构体。无论从室内还是室外都能直接看到这种设计。在怀抱理想的人们和现实的斗争中诞生的造型，既散发着冷静沉着的气质，又带有一种沐浴在阳光下的热情洋溢之感。

●交通方式
涩谷区宇田川町19-5
JR、东京地铁、井之头线涩谷站徒步7分钟

●其他信息
周日礼拜 10：15开始

在狭小的用地内建设一幢立体感十足的建筑就如同解谜一般。从建筑中央的楼梯往上走，通过以办公空间为主的二层和供开会使用的三层，再从左侧或右侧的楼梯上去，就到达四层的礼拜堂了。

日本基督教团
东京山手教会
Tokyo Yamate Church

1966

RIA建筑综合研究所+
毛利武信
Research Institute of Architecture
+ Takenobu Mouri

RC结构 地上6层、地下1层

## 蜿蜒的楼梯

1）支撑整体结构的16根斜柱几乎等距分配在一层的地面上。越往上越向四个角落靠拢。设在柱子中间的楼梯宛如通向中世纪哥特式教堂尖塔的楼梯一般。

2）楼梯与地毯颜色对比强烈。

四至六层摆得满满的座椅，诉说着教会希望让尽可能多的人在此进行集体礼拜的心意。半个多世纪以来，成千上万的信徒曾坐在这些座椅上虔诚地祈祷。

## 长期使用的座椅

将阳光引入室内

分布在建筑四个角落的四角锥结构体各由四根柱体组成，并与折线形屋顶相接。四角之外的墙体无须承担屋顶重量，因此才能够在墙面上开几扇细缝状窗户。阳光照进室内，使建筑看起来充满力量和活力。

马赛克瓷砖

很少看到这种马赛克瓷砖壁画。这幅壁画由在此教会接受洗礼的友山智香子制作。友山师从行业先驱长谷川路可，在本科时，曾协助长谷川，参与早稻田大学文学部校舍、日生剧场（建筑设计均由村野藤吾负责）的马赛克装饰项目。

各式各样的要素在雁行阵般的外观中
忽隐忽现。乍一看会觉得整体设计稍
显复杂，但其实设计者以边长3.5米
的正方形为基本单位设计整体平面，
使建筑符合梯形用地，十分合理。

*Villa Bianca*

# 全力奔跑的
# 未来感

❶

碧央卡名苑
*Villa Bianca*

*1964*

堀田英二
*Eiji Hotta*

RC+SRC结构 地上7层、地下2层

●**交通方式**
涩谷区神宫前2-33-12
JR原宿站徒步11分钟

VILLA BIANCA

## 清晰明快的功能美
## 高人气的老式豪宅

建筑整体像是组装而成的一样。交错的混凝土横梁承托着一面面大型玻璃窗。建筑内设有旋转楼梯。每层楼都配有可当作宽敞露台的开放空间。向露台方向凸出、并排排列的小窗格形成了八角形。这种设计比较令人费解，其实这里连通着浴室。从外部也能感受到建筑明确的功能和结构，可谓是一幢令人感到爽快的集合住宅。1964年，它落成于当时车流还很稀疏的明治大道旁。

原创的厨房台面（p089）亦与建筑整体风格一致。由炉灶、通风扇、水龙头、油箱状下方收纳柜等部分组合而成的独特装置有着一种不容忽视的存在感。

这个厨台看上去好像可以快速移动一样。纤细的桌腿让人担心它是否能够支撑住整体的重量。曲面木制边缘让人联想到1960年前后风靡一时的美国汽车的巨大尾翼。其整体宛如一辆工艺精致的野营车。

起初，面向外面的大玻璃窗里还配有一层日式障子，从外面看，好似日本传统建筑中梁与柱的组合一般。与西洋还是日本无关，建筑整体呈现出一种全力奔向未来的创新之感。这是一幢由局部决定整体的集合住宅。与公租住宅大不相同，它散发着民间的活力。

公共空间

玻璃砖材质的圆筒形空间是直接连通一层至顶层的无墙楼梯井。不同于一般的集合住宅，这里的公共空间十分宽敞。门、楼梯扶手等设计形状独特，令人眼前一亮。

**屋顶**

竣工当时，周围没有其他高层建
筑。从屋顶小屋一层的玻璃房向外
眺望，可以将周边景致尽收眼底。
宽敞的屋顶现在视野依然很好，突
出的圆筒形空间也充满未来感。

**入口**

门厅处使用那智黑石[①]，看得出创造者
想融入一些日式元素。起初这里还有一
片巧用石材装饰的日本庭院。

---

① 那智黑石：黑色、细密、坚硬的硅质板岩，主要出产
于日本和歌山县那智川附近和三重县熊野市神川町等
地，可作庭石、黑色围棋子和砚台等的材料。

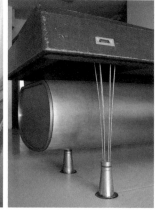

令人向往的未来感厨房

专为这幢集合住宅设计的厨台。每个部分都诉说着自己的主张。起初，对面的玻璃窗曾与日式障子搭配使用。

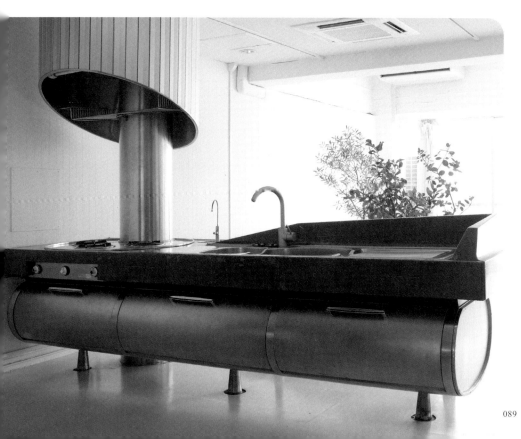

塞雷纳名苑
*Villa Serena*

1971

坂仓建筑研究所
*Sakakura Associates*

SRC结构 地上7层、地下1层

● 交通方式

涩谷区神宫前2-33-18
JR原宿站徒步11分钟

## 采光中庭
## 增添都市生活的开放感

现在这里是一幢拥有25户居民的集合住宅,但以前这片用地仅供一间独门独户的房屋使用。20世纪60年代末项目刚启动的时候,稍微进入明治大道的这一带大宅林立。透过高筑的院墙,仅能窥见院内的稍许绿意,居民在此过着封闭又闲静的生活。

难得有机会盖新房,设计者想要打造一幢新时代住宅。外侧墙壁最大限度地贴近道路,材质上选用钢筋混凝土,但浇筑后仅进行稍许涂装,基本保留材质原貌。专业领域用"浇筑"这一动词来表示倒入混凝土的动作。有些部分以无窗框的大面积玻璃窗充当外墙。专业领域将出入口等建筑物向外敞开的部分称为"开口部",这种冷淡合理的建筑术语与设计给人的感觉十分相称。

以工业化材料构筑而成的外观宛如纹丝不动的墙壁,因此也就无须搭建真正的围墙。若是不小心透过小窗窥见房间内部,过往行人也无须感到尴尬,毕竟住户并没有想要遮掩和排斥的意思。

拜外墙贴近路边所赐,才得以在用地正中央设置所有住户共有的采光中庭。这一游离在道路和房间之外的空间为整体增添了一份都市生活的开放感。正是在那个人们刚开始在高层公寓生活的年代,设计者才能领悟聚居的意义,并以现代的表现手法创造出与二战前的复古建筑大相径庭的现代公寓。

*Villa Serena*

# 开放又热闹的生活

马路对面是同样由坂仓建筑研究所设计并于次年竣工的弗雷斯卡名苑。二者定下了周边建筑的氛围和基调。大谷幸夫研究室（原丹下健三研究室，丹下健三退休后将研究室交给弟子大谷幸夫）设计的格洛丽亚名苑以及堀田英二设计的碧央卡名苑等也都在步行范围内。兴和商事创始人石田鉴三凭借对建筑的热情，成就了独特、创新的名苑系列建筑（Villa Series）。

采光中庭内设有两部电梯及楼梯，各自向上延伸。不是简单地堆叠楼层，而是通过设计使垂直空间内的生活变得更加有趣味性。

**通向向往生活的门扉**

原装的玄关大门是实木材质的。很多住户根据个人喜好重新装修了房间内部，但也有一些房间还保留着浴室等处的原装门扉。

像错觉绘画一样……

采光中庭和通向外部道路的窄径以黄色为主色。竣工当时的颜色是更淡的柠檬色。深浅颜色组合的地面瓷砖，宛如抽象线条一般的白色扶手以及立体格子的门扉，应用几何元素的这些设计，远观近看产生的视觉效果各不相同。设计者既考虑到了位置的变化又考虑到了人们目光的移动。

## 斜切玻璃屋顶打造出独立又相连的空间

最先看到的想必是锯齿状的外观吧。将视线稍微下移,铺设瓷砖的广场和树木便也随之映入眼帘。注重功能性的单间与被它们包围起来的南欧风公共空间非常相称。这幢公寓包括面积从13平方米至50平方米的多种房型,其中20平方米左右的房型数量最多。房间里配备有当时新开发的一体化浴室,还可以自行选择是否安装收纳床、家具组合等。

这幢建筑引领了后来的单间套房公寓潮流,但与之后的流行风格不同的是它的外立面呈斜线分布。每一间房都像是秘密基地一样藏在里面,阳光可以透过朝向斜上方的玻璃屋顶照进室内。住在这种宛如鸟巢一般的公寓里,人们无须拉上窗帘亦可传达出自己不想被外界窥探的心理。

这幢大厦同时融合了"独立"和"相连"这两种看似对立的都市形态,这点在供人放松会客的休息空间中也有体现。当年还有人面向广场开了一家餐馆,就是为了满足住户利用工作间隙的碎片化时间就餐的需求。虽然现在店铺早已更迭,但建筑的未来感和放松感依然自然地延续了下来。

这幢建筑原名"Villa Moderna",本书将其译为"现代名苑"。"Villa"为意大利语"郊外宅邸"的意思,形容词变形的"Moderna"则意为"现代的"。通过设计来平衡看似矛盾的理想的这种态度既可谓现代,又极具创造性。如今,创造者们依然活跃在这幢建筑地下一层的休息室里,他们朝向未来奔跑,讨论得热火朝天。

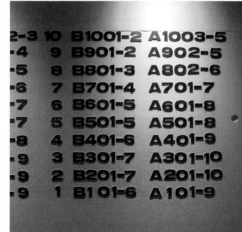

现代名苑
*Villa Moderna*

1974

坂仓建筑研究所
*Sakakura Associates*

SRC 结构 地上10层、地下2层

●交通方式

涩谷区涩谷1-3-18
JR、东京地铁、井之头线涩谷站
徒步10分钟

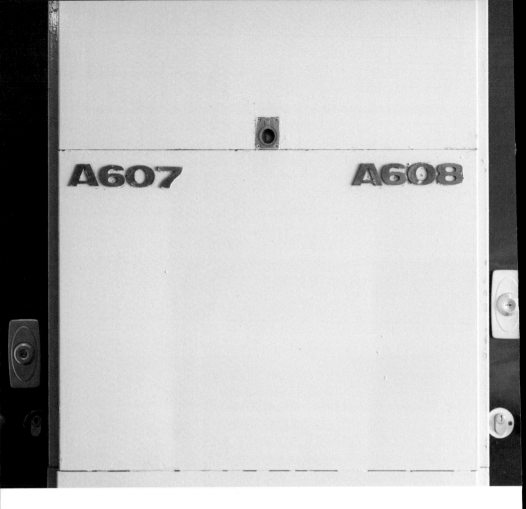

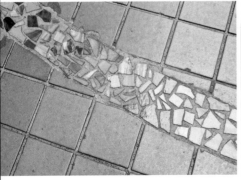

南欧风元素

建筑竣工时，宣传手册上强调的是"个人的社会接点——共有空间"。设计者不只追求在表面打造欧式风格，同时还试图挑战在都市中创造新的中间领域，这种想法放在今天也十分新颖。

## 利落的整齐感

以安装在室外的伞架为例，那个年代特有的手工感随处可见。每间房的门上都装饰着"Moderna"的首字母"M"标志及门牌。从室内看也觉得窗户的形状十分有特色。

## 旋转门

自1974年竣工以来，大门就一直是旋转门，瓷砖映在极具现代感的玻璃上，别有味道。卫生间的门反复使用圆形图案，上面的艺术字体也别有风味。

1）入口接待处像酒店前台一样。收信袋连成一排。一楼休息室铺设绿色瓷砖，与室外广场绿意盎然的景色颜色相近。另外，玻璃落地窗提高了整体的开放感。
2）别有味道的桌子是以前的餐厅留下来的。

"From-1st"这一标识自开业时便未曾改变。外墙维持原貌，未增加任何一块招牌。尊重原始设计使其在商业上也获得成功。开放式中庭里洒满了液体似的光。回廊里时不时凸出来的三角形和四方形使整体免于单调。在建筑中到处转转，会发现各式景致就在身边。

*From-1st Bldg.*

# 简约时尚
# 想要漫游其中

## 非常适合"都市洞窟"一词

这是一幢会让人丧失时间感和空间感的建筑。首先，人们搞不清它的建造年代，分不清它究竟是新楼还是老楼。墙壁、地面乃至楼梯均覆以陶质砖。红砖般的材质，赋予建筑一种既亮眼又现代的氛围。只不过建筑老化并不明显，因此看起来不像是一座四十年以上的老楼。可以说它体现出了现代建筑永葆新颖的理想。

以直线为主基调的设计也是它不过时的原因之一。穿过入口，深处稍暗但可以窥见一方天空。中庭沿线进驻多家店铺和事务所。整体所用建材的质感统一，每一间门店都像是从整体建筑中挖出来的

一样。设计者称之为"都市洞窟"。这种从照片上几乎看不出上下左右的几何学形状诠释了一种彻头彻尾的现代感。由于几乎没有细小形状的设计，所以尺寸规模也不是很明了。漫游其中或许会令人感到彷徨，但依然阻挡不住它的魅力。

打造了传说中的赤坂迪厅MUGEN和东急手创馆的滨野安宏提出概念，希望打造一处供自由职业者生活和工作的场所，建筑师山下和正将其变为现实。可以说，当年，这幢建筑引爆了附近一带的商业浪潮。至今仍有顶尖店铺进驻其中。它自诞生时便是一幢高纯度的建筑，后续也一直保持这个特点。正因如此，它才得以一直以罕见又超脱于时代之姿伫立于东京街头。

### From-1st大厦
*From-1st Bldg*

**1975**

山下和正
*Kazumasa Yamashita*

RC+SRC 结构 地上 5 层、地下 2 层

●**交通方式**
港区南青山 5-3-10
东京地铁银座线、千代田线、
半藏门线
表参道站步行 3 分钟

**新潮的标识**

电梯门上的标识也保持着当年的模样。电梯门锃亮的设计搭配墙面陶质砖的质感，给人以一种错乱的时代感。

国际文化会馆
International House
of Japan

1955

坂仓准三+前川国男+
吉村顺三
Junzo Sakakura+Kunio
Maekawa+Junzo Yoshimura

RC结构 地上3层、地下1层

*International House of Japan*

# 与名园面对面

## 历史渊源深厚的
## 文化交流空间

　　无论身处馆内哪个角落，放眼望去皆是绿意，让人不敢相信此处竟然地处东京市中心。1930年，时值昭和时代初期，这块用地当时的所有者是三菱财阀的最后一位总帅——岩崎小弥太。他邀请著名造园家小川治兵卫设计并建造了这片日本庭园，以搭配其西洋式宅邸。1955年，坐落于这样一座日式名园之中的国际文化会馆正式开馆。以通过日本和世界各国的人文交流和知识合作来增进国际间的相互理解为目的，会馆现在也依然开展着各种活动。

　　这里使用了以前的洋房不可能使用的巨大玻璃窗，与外部环境相连接，打造出明亮的内部空间。建筑有效地发挥了平坦屋顶的效果，宽敞的露台由建筑伸向外部。房间排成一列，露台重复使用同款栏杆，现代感和功能性并存。经过深思熟虑的造型有一种澄净的美感。建筑的空间结构和立体的庭园搭配得恰到好处。

　　这幢建筑由前川国男、坂仓准三、吉村顺三共同设计。前川国男和坂仓准三都曾于第二次世界大战以前远赴巴黎，在勒·柯布西耶门下学习，吉村顺三则曾师从安托宁·雷蒙德。可谓是空前绝后、强强联手的杰作。无论是在松本重治（日本记者，国际文化会馆创始人之一）的努力下获得位于东京市中心的这片广阔用地，还是从美国洛克菲勒财团获得巨额捐赠，都是当时才能办到的事情。在文化领域重整旗鼓、再次出发，这种真诚的想法将这片日本庭园衬托得更加动人。

故事的开始

1) 在岩崎小弥太之前,东京富豪赤星铁马曾居住于此。再往前推,明治初期,1887年曾在此举办首次天览歌舞伎①表演。这里正在与历史的厚重感悄然对峙。

2) 从岩崎邸承接下来的庭园被指定为港区名胜。其设计者第七代小川治兵卫、通称"植治",还曾设计过京都无邻庵及平安神宫神苑等日本庭园。现代建筑的大玻璃窗及木质窗框将这座庭园衬托得更加动人。

① 天览歌舞伎:1887年4月26日至29日,明治天皇、皇后、皇太后、各国大使等出席观看的歌舞伎公演。象征着歌舞伎得到皇室的认可,后世有人将其视为歌舞伎兴盛的开端。

### 增建、改建部分

墙壁的大谷石<sup>①</sup>是昭和前期的日本现代建筑中很喜欢用的材料。在 2006 年完工的修缮工程中，这些设计和建材依然被仔细地保留了下来。

———————————
① 大谷石：一种轻质凝灰岩，主要产地为日本栃木县宇都宫市西北部的大谷町。质软易加工，自古以来常用在庭园围墙、建筑外墙等处。

### 奢侈的放松时刻

可从高处将庭院美景纳入眼底的茶廊（右下图）和贴近自然绿意的餐厅（左下图）。即使不是会员也可前来用餐，在这里享受放松的时刻。茶廊的家具均出自长大作之手。

● **其他信息**
● 茶廊 The Garden
　营业时间 7：00--22：00
● 餐厅 Sakura
　午餐 11：30--14：00
　晚餐 17：30--22：00

国际文化会馆举办各类演讲会、研讨会、文艺活动等。采取会员制，入会可参加各种活动、领取入会特典。有意者欢迎上网查看详情（www.i-house.or.jp）。

可一览庭园风光的大厅（左下图）
和茶廊通过屋顶庭院相连通。将透
明玻璃窗的效果发挥到极致，住宿
者专用的疏散楼梯（上图）采光效
果极佳。

Daihanyama Hillside Terrace

# 干净利落的
# 箱形复合建筑群

马赛克图案广场的C栋于1973年
的二期工程完工启用。当时进驻
的店铺"汤姆斯三明治""圣诞公
司"现在还在营业。

## 宜居和现代共存

诞生于1969年的白色箱形建筑（A栋、B栋）令众人惊叹不已。当时的代官山地区并不像现在这样热闹，只是一片瓦片屋顶的日式住宅区。

建筑师元仓真琴看到刚建成的A栋和B栋时，发出仿佛窥见现代真谛一般的感慨："原来这就是现代建筑啊！"两年后他入职槙综合计划事务所，正值二期工程C栋的设计渐入佳境。后来，元仓负责1977年三期工程D栋和E栋的设计，自立门户后又受托设计了该系列的别馆ANNEX（1985年竣工）。

A栋既利落又新颖，住宅功能大概是它身上仅有的传统元素。入口大厅看上去像是一个透明玻璃箱，旁边的广场不设围墙，与公路直接相连，平坦的屋顶上突起一间三角体天窗。B栋是当时日本尚属罕见的跃层式公寓。根据日本的法律，这里原本是住宅用地，不可作他用，后来，经过槙文彦的不懈沟通，行政单位放宽这里的土地用途限制，才得以开设店铺，甚至将露台和走道调整至可供人散步的尺寸。最开始愿意入住的人并不多，后来，不断进步的社会终于追上了建筑师理想的脚步。

感谢这片土地的所有者朝仓家族，以及从而立之年到耄耋之年一直备受信赖的建筑师槙文彦，是他们让我们相信现代建筑永葆新颖的可能性。使变化成为可能的道路和广场蕴含着开拓未来的意志，以干净利落的形态出现在人们面前。

**代官山集合住宅**
*Daikanyama Hillside Terrace*

**1969**(A&B),**1973**
(C),**1977**(D&E)

**槙文彦**
*Fumihiko Maki*

RC结构 地上3层、地下1层/地下2层

●**交通方式**
涩谷区猿乐町29-18
东急东横线代官山站步行3分钟

1969年至1977年间竣工的A至E栋，以及位于旧山手大道北面、1992年竣工的F栋和G栋，这7栋建筑里共含有48户住宅。住宅和店铺之间并无明确的界限，而是通过开口部及通道的设计来平衡二者的关系。生活、工作、买卖、交流……现代设计包容着人类的各种行为。

B、C栋之间那个贴着瓷砖的圆筒形建筑物，其实是通往地下多功能大厅Hillside Plaza的入口。绿篱对面隐约可见旧朝仓家住宅屋顶上的瓦片。旧朝仓家住宅于1919年竣工，由曾任东京府议会议长及涩谷区议会议长的朝仓虎治郎建造，现为涩谷区重要文化遗产。

## 如街区般的内部

1) 从稍低于路面的广场可以进入装有大片玻璃的 A 栋入口大厅。右手边的楼梯可通往 B 栋的步行平台，左边可通向下沉庭院（p107）。合理利用地势高低差，设有许多连通内外的路径，漫步其中非常有趣。2) 自近半世纪前启用之初起，这里就很重视标识系统的设计。最初的设计者为粟津洁，C 栋中庭红白相间的瓷砖图案也出自粟津之手。现在使用的人形指示牌由太田幸夫设计，他是国际通用的紧急出口标识的设计者，这一集简洁和动感于一身的设计很有他的个人风格。

## A、B、C、D……

扑面而来的
强力结构体

1919年，设计者以帝国酒店设计者弗兰克·劳埃德·赖特的助手身份来到日本。第二次世界大战期间他曾返回美国，1948年再次来到日本，对二战前后的现代建筑产生较大影响。

## 天主教目黑教会
（圣安瑟姆教会）

*Catholic Meguro Church*

### 1956

安托宁·雷蒙德
*Antonin Raymond*

RC 结构 地上 2 层

● 交通方式
品川区上大崎 4-6-22
JR、东京地铁南北线
目黑站步行 2 分钟

● 其他信息
弥撒时间
周日 7：30/10：00/
12：00（英语）/17：00
周一——周五 7：30
周六 7：30

## 脱离传统
## 追求现代

第二次世界大战以后，人们重新开始兴建教堂。在拥有慈善精神的基督教团体的推动下，教堂比普通建筑更早得以重建。但是，第二次世界大战以后兴建的教堂不仅仅是战前教堂的延续而已，从中可以看到一些更为自由的尝试。

教堂的混凝土墙壁毫不遮掩地暴露在外。锯齿状墙壁和天花板的形状也在强调力量感。教堂内部凸出的部分是中空三棱柱。九根三棱柱向上延伸，在天花板汇成三角形横梁。它们与弧形屋顶成为一体，支撑着整体结构。

即使同为钢筋混凝土建筑，它也和二战以前的教堂不大一样。二战以前，教堂的建筑风格相对统一，大多建筑主体呈十字形分布，中央天花板挑高且装饰性较强。以这样的标准来看，这座教堂看起来非常特殊。因为我们看到的是结构本身的形状。建筑宽、高皆为15.15米，圣坛背后绘有正圆形。

供信徒聚集的空间亦构筑得十分合理，长长的窗户可以将足够充足的阳光引入室内。此情此景使人意识到建筑是人类远离外界纷扰的依靠，感激之情溢上心头。面向光源方向祈祷，好似追寻聚集的原点一般。这座从传统中挣脱出来、在现代中寻找希望的战后教堂属于早期代表作，与同期设计的集合大楼一同保留至今。

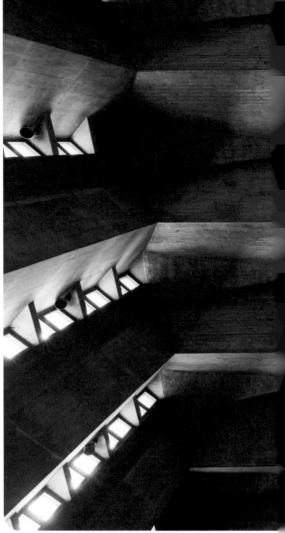

美丽的祈祷场所

贴有金箔的华盖和清水混凝土的
讲坛等均为雷蒙德的设计。将手
象征性图像化的基督苦路像出自
其妻诺埃米·雷蒙德之手，由熟
铁和锈铁制成。

专栏

# 建筑师传奇

## 1 村野藤吾

*Togo Murano*
*(1891—1984)*

出生在佐贺县，成长于现福冈县北九州市。早稻田大学毕业。曾就职于建筑师渡边节的建筑设计事务所，1930年自立门户，在大阪成立设计事务所。其作品中宇部市渡边翁纪念会馆（山口县宇部市，1937年）、高岛屋东京店增建工程（东京都中央区，1952年及以后）、世界和平纪念圣堂（广岛市中区，1954年）被认定为日本国家重要文化遗产。
【本书介绍：日本生命日比谷大厦 日生剧场→p039/目黑区综合厅舍（旧千代田生命总部大楼）→p067/麹町大楼→p169】

## 提倡脱离样式
## 坚持实践探索

村野藤吾在27岁时著有《超越样式！》一文。当时正值1919年，是他入职渡边节的建筑设计事务所的第二年。

阅读全文便会发现一字一句都充满蓬勃的朝气和生动的理想，村野写道："从关于样式的一切因习中超脱出来！（中间省略）要避免一切有局限性的行为！无论是已成为历史的过往样式，还是现代的样式，所有名为'样式'的样式，一切既定事实的模仿、再现、恢复之类的都不行！"不拘泥于样式即现代。使用"现代的样式"这一表述，是为了加以牵制，以防现代沦为一种风格而已。在这篇文章中，村野还对资本和科学进行了批判，写到："将众人的血肉踩在脚下，只身一人的资本家暗暗微笑，冷静的科学家因精准计算而自鸣得意。"

长寿的建筑师不少，但是像村野这样持续活跃的堪称凤毛麟角。从第二次世界大战以前到其逝世的1984年，他一直活跃在建筑领域，并不断产出新作品。从村野发表的首篇文章《超越样式！》中，即可窥见个中奥妙。他以不依存于样式的态度领先于时代，同时拥有一种完全不借现代、资本、科学之势的强大力量。

正是这种态度使村野成为一名成功的民间建筑师。他未曾担任过大学老师也未曾编写过教材，更从未受邀参与过奥运会、世博会等国家级重大项目。但是，他却赢得了铁路业界、百货商店、生命保险公司等的信赖，向世界输出了众多优秀建筑作品。

虽说村野十分高产，但他的作品并不会让人感到无聊。他一边尽可能地贴近委托人的诉求，一边用托付给他的资本创造出不只是建筑所有者才能体会到的美好。他并非用可计量的数量，而是用不可数的质量来打动人心，有一种出类拔萃的现代感。直到晚年，他仍不断尝试新的材料和设计，给许多喜欢新作品的人带来了新的刺激。

村野亦是现代社会的反映者。昭和时代的日本出现村野这样的人实属幸运。村野藤吾这位为了不负年少目标而不断精进技艺的建筑师，将经济发展时期特有的个性派企业家的野心和普通百姓的梦想以建筑设计的形式表现出来。正因如此，我们现在才有幸与这些建筑相遇。

*Oe Hiroshi*
**(1913—1989)**

出生在秋田县。其父大江新太郎曾担任日光东照宫大修缮工程监督，因此大江宏有在日光东照宫等地的成长经历。1948年至1984年期间，他任法政工业专门学校建设科教授、法政大学工学部建筑系教授。本书未介绍的现存作品包括香川县文化会馆（香川县高松市，1965年）、角馆桦细工传承馆（秋田县仙北市，1978年）、国立能乐堂（东京都涩谷区，1983年）等。
【本书介绍：东京赞岐俱乐部（旧东京赞岐会馆）→p073】

## 易于应用的工学式设计的早期引领者

大江宏和丹下健三是东京帝国大学建筑系的同级同学。后来，丹下健三回忆当年同窗生活时曾说道："一到设计的时间，他就会拿出一支很特别的深褐色的笔……然后绘制出一张张图纸。当时我就想，自己大概赢不过他这种人。"

这支特别的笔是他父亲大江新太郎传给他的。新太郎也是一位知名建筑师，从东京帝国大学建筑系毕业后，他参与日光东照宫的修复工作，产出众多设计作品。其中，大胆地将传统校仓造和寝殿造元素融入新式钢筋混凝土结构中的明治神宫宝物殿（1921年）尤为出名。

大江和丹下都属于在日本战后复兴时期开始实际创作的一代人。法政大学建校初期原为文科院校，二战后开始重视工科领域并新设工学部，大江受聘任职工学部教员，并为法政大学建筑系奠定基础。大江曾担纲设计法政大学53年馆（1953年），这是一座带有巨大玻璃窗的箱形建筑。后来大江还应邀设计了55年馆、58年馆等建筑，它们与二战前的建筑风格大不相同，成为宛如技术主义、民主主义时代象征般的新校园的一部分。

当时现代建筑界整体倾向于一种工学式的标准答案，即任何人都能应用它并使之成为战后复兴事业的助力。大江走在时代前沿，率先成为这种趋势的引领者。香川县文化会馆（1965年）便是一座直接将日式窗格及西阵织[①]等和风元素融入公共建筑的独特杰作。同时，他还将典型现代风格的清水混凝土立柱与传统西洋风格的花岗岩壁结合在了一起。即便这两部分风格迥异，也不会破坏整体的协调感。这便是建筑师的本事。

那么，大江也只不过是得益于他与生俱来的绘画天赋吗？我认为不是这样的。父亲新太郎带给他的不过是对住宅的关注，以及设计公共设施这一作为建筑师的责任感。而且，对这种关注和责任感的衔接也是儿子大江宏做得更好、更自然。

放眼大江20世纪60年代以后的作品，他通过住宅般的空间布局调整，使包含中近东等元素的多种局部设计与整体建筑共存，并予以访客不同的感受。国际性、空间感、人性化，他全都有。他既能坚持现代风格，又不像工厂一样企图将人类塑造成社会的一个零部件，是一位不断追求建筑公共性真谛的建筑师。

---

① 西阵织：京都西阵出产的绫子、织锦、缎子等高级丝织品的总称。

# 昭和风格的标识

# Area-3

**3**

区域三

# 上野、皇居周边地区

Ueno, Around The Imperial Palace

Palaceside Bldg.

帅气十足的
大厦 "皇后"

是否发射？

核心筒的中央大厅周围配置有8台电梯和楼梯。1988年引进了由计算机控制的电梯按钮，集中安装在左右两处。竣工当初的未来感设计得以延续，并不断进化。

## 巴乐斯赛德大厦
### Palaceside Bldg.

## 1966

### 日建设计工务/林昌二
#### Nikken Sekkei / Shoji Hayashi

SRC结构 地上9层、地下6层

● 交通方式

千代田区一桥1-1-1
直通东京地铁东西线竹桥站

地下一层和地上一层为餐饮、商店楼层，连通二者的挑高空间处，可以看到由精美定制品组成的设计。将细不锈钢条编成网状以支撑楼梯，打造出浮于空中的视觉效果。其名为"梦幻楼梯"。

梦幻楼梯

亦具有写字楼功能

从核心筒分别呈一字形向左右两侧延伸的内部长廊。这里现在依然具备最新的写字楼功能。这是一幢综合商业体建筑，顶层的餐厅"阿拉斯加"自竣工时便已进驻营业，地下一层及地上一层为餐饮、商店楼层，再往下设有印刷厂。

## 白色圆柱体内功能齐全
## 为办公空间提供支持

虽然并不存在建筑选美大赛，但我认为这座建筑是全日本最美的大厦。

这幢英文名为"Palaceside Building"，中文音译为"巴乐斯赛德大厦"的建筑位于皇居旁边这一顶级地段。它已与旁边川流不息的高速公路遥相对视半个多世纪。话说回来，建筑整体的透明感真是一绝！

建筑外墙基本由玻璃组成。高2.4米×宽3.2米×厚15毫米的玻璃是当时日本最大、最厚的玻璃。过去也好、现在也罢，它都仿佛漂浮于美景之中处理工作一般，简单帅气。

外侧墙壁横向设有百叶窗，纵向装有排水管，有了它们的支持，建筑整体才得以保持透明感。室内阳光不至于太强，建筑也不会被雨水弄脏，功能性肉眼可见，易于维护保养。各种细节构件的聚集，巧妙地使这一现在几乎不可能实现的横长建筑看起来更加比例均衡。

其中，白色核心筒给人以强烈印象。相对于方形建筑的"圆"，相对于透明玻璃的"墙"，其实际大小亦不如其他部分那样清晰明了。这一部分集办公空间必不可少的电梯、楼梯、卫生间等功能于一身。其内部视野通透，却又能实现各种复杂用途。

明快的结构是这幢大厦透明感的根源。形状也好、构件也好，均有各自的设计理由，并且适得其所，每一个细节都在自己该在的地方发挥着功能。可谓不施脂粉又充满知性。现代之美是由内而外的美。

东侧正面设有宽6米的大理石楼梯。由此进入地下一层，可以看到楼梯旁有一面中央开了个圆洞的大理石厚墙，这是为了隔开男、女卫生间的入口，同时又不致给人以压迫感。这是建筑师林昌二引以为豪的设计。立柱边角和扶手栏杆等设计也都令人眼前一亮。

亮眼的创意

内外以砖块相连

1）不明确区分内侧和外侧，而是使用风格统一的建筑材料并以玻璃隔开，这是现代建筑的一大特色。房间内外均使用特别定制的锰砖。外侧的遮阳篷也是专为这幢建筑而设计的。2）遮阳百叶窗和排水管均使用耐腐蚀性较强的铝制铸件。设置分散的排水管，既能防止建筑漏水，又能防止垃圾阻塞影响整体排水。构件精密细致地组合在一起，随观看角度不同呈现出不同表情。

极具太空感的外观

## 圆柱体里面是······

圆柱体的一圈由56张壁板组成。也就是说，建筑外侧共有56根纵向凹槽。虽然里面卫生间的设备已更换为最新型，但依然保留着阳光透过缝隙照入室内的原始设计。西侧玄关处的伞状雨篷也值得一看，工业风的设计魅力十足。

## 屋顶

与其他建筑不同，并未将装有电梯等设备的核心筒置于建筑中央，而是将两个核心筒分别设置在建筑两端，继而创造出宽敞的屋顶空间。目前，11：30—14：00期间屋顶对外开放。以前，这片用地上曾设有《读者文摘》东京分部大厦和知名艺术家野口勇布置的花园。现在屋顶草坪上的三块石头便是当时的花园景观。

## 守护住户的坚固外观

宫崎县东京大厦
*Miyazaki Prefectuer Tohyo Bldg.*

### 1972

坂仓建筑研究所
*Sakahura Associates*

SRC+RC结构地上10层、地下2层

●交通方式
千代田区九段南4-8-2
JR，都营新宿线，东京地铁
有乐町线、南北线
市谷站步行2分钟

125

1）使用钢筋桁架梁的坚固连廊同时还是中庭的一大视觉亮点。里面是连接学生宿舍休息室和驻京职员住宅区的娱乐室。它和儿童游乐区、大厅、休息室共同作用，通过中庭实现视线交错的立体效果。2）有别于现代都市风格的外观，内部走的是亲民路线。入口处的宫城县徽和地上紧密排列的瓷砖，仿佛在道一句"欢迎回来"般，迎接每位住户的归来。大厅则是一片供人聚集聊天的立体空间。从细腻的玻璃和淡雅的色彩中，不难窥见坂仓准三过世后坂仓建筑研究所的设计风格和方向的变化。

开放中庭

未来感大厅

## 与外观形成鲜明对比
## 内部用色淡雅温柔

看上去像是用坚硬外壳抵御外界一般。这幢建筑于1972年竣工，供宫崎县驻京员工、宫崎县出身的学生、宫崎县上京人员的长、短期住宿使用。

侧面采用无窗的清水混凝土墙设计。竣工当时周边只有木结构独栋住宅，但现如今周围尽是比它还高的高楼大厦。正如设计者的预测一样，周边街景的模样确实在不断变化。

这幢建筑给人的印象会随着人与建筑之间距离的变化而变化。走近建筑，会发现一层的空间十分开阔，直接连通道路，还设置有直接通往二楼的外部楼梯。这种结构使人们看起来像是活动在建筑低层一样。

继续往前走，抬头便会看到独特的光景。道路一侧的八层建筑和靠里的十层建筑间设有开放中庭。五层的连廊给人一种被围住的安心感，而且，它既能将两幢建筑连接起来又十分坚固，具有很强的功能性，同时空间设计感也毫不逊色。

与冷硬的外观和坚固的主体结构相对，这幢建筑的内部设计十分温柔、治愈。纤细别致的玻璃箱、和谐的友邻关系、住户间共有的生活轨迹、颜色淡雅的室内装潢，再加上宫崎县徽和其他文字，这些元素起到了直击心灵、打动人心的效果。

随着近代环境逐渐成为理所当然的大前提，人们在保留现有的主体框架同时，开始尝试将过往从未被视作建筑主题的柔软要素融入建筑之中。宫崎县东京大厦便是一幢诞生于这样的时代的建筑。

### 不可思议的门

虽然现在这里安装了一道门，但其实这个宛如巨大钥匙孔一般的开口部，是通向二楼儿童游乐区的通道（右图）。另外，建筑内部还可以看到一些设计大胆的标识图案，例如洗手间门上的"手洗"二字，女性浴室入口处的"女浴"二字，以及一日住宿栋入口处巨大的"泊"字等。（※ 短期住宿设施已于2005年停用）

# 耳熟能详的
# 世界文化遗产

主馆是日本国内唯一一座出自世界建筑巨匠勒·柯布西耶
之手的建筑作品。2007年被指定为日本国家重要文化遗
产，在第二次世界大战以后东京都内建立的建筑中实属
首次。2016年成为东京首个世界文化遗产。远观会发现，
箱形建筑上的三角天井十分抢眼。

国立西洋美术馆
*The National Museum of Western Art*

## 1959/1979

主馆/勒·柯布西耶
*Le Corbusier*

新馆/前川国男
*Kunio Maekawa*

主馆/RC结构地上2层、地下1层
新馆/RC结构地上2层、地下2层

●交通方式
台东区上野公园7-7
JR上野站步行1分钟

●其他信息
开放时间：9：30—17：30
周五　周六的常设展和特别展均开放至20：00
※停止入馆时间为闭馆前30分钟
闭馆日：周一（逢法定假日则顺延一天）、岁末
年初
http://www.nmwa.go.jp/

## 光线的戏剧性效果

美术馆大多采取凹凸较少的空间设计，以保证均匀良好的光线环境。但这座美术馆并非如此，在它的内部可以看到很多戏剧性的阴影效果。虽然在展厅布置上也存在一些问题，但现在还是力求保留柯布西耶的创作意图并加以发挥，同时又不降低它作为一座优质美术馆的功能性。

## 戏剧性的光影效果
## 与勒·柯布西耶的热情

2016年，主馆作为"勒·柯布西耶建筑作品——对近代建筑运动的显著贡献"的构成资产被列入世界文化遗产名录。

第二次世界大战以后，法国政府向日本赠送返还了"松方收藏品"[收藏家松方幸次郎（1866—1950年）的藏品]。为了保管和展示松方收藏品，人们开始着手兴建国立西洋美术馆。

仔细思考一下，会觉得这座建筑的内在和外观实在有些矛盾。建筑本身出自勒·柯布西耶这位超越传统艺术样式的20世纪顶级建筑大师之手。但馆内展品中，除了以19世纪至20世纪初的绘画和雕刻为中心的松方收藏品外，还包括了一些柯布西耶所反对的文艺复兴以后的学院派艺术作品。

第一个展示空间名为"19世纪大厅"，这里有着充满戏剧性又扣人心弦的光影效果。自然光通过三角天井照入室内，同时也突出了天井锐利的切边设计。

来到这里之前，需要先穿过天花板低矮的底层架空空间。在此之前，想必来客已经在室外的阳光下感受过它边角锐利的几何学外形了吧。

打造出二层展厅阴影效果的是为导入户外自然光而坚持设计打造的装置。当时，日本人对这一设计持反对意见。

将建筑内外空间统一纳入考量的态度和工业主义概念确实不曾存在于19世纪以前。但是，打造戏剧性光影效果的想法，其实与学院派绘画的明暗对照法相通。柯布西耶试图通过新的形式创造出超越表面功能的建筑，他的这种热情透过这座美术馆深切地传达给了每一个人。

### 楼梯和斜坡

地面稍显倾斜的坡度，陡缓不一的楼梯。实现人们上下位移的装置起到了连接空间的作用，以功能为媒介，给人以不同感受。通过这部分设计，我们可以感受到设计者试图以人的感性为中心来改变建筑存在形式的心情。

新馆于1979年竣工，由前川国男设计，他曾与坂仓准三、吉阪隆正共同负责设计主馆的施工图。作为柯布西耶弟子之作，新馆既带有几何学风格和工业风格，又实现了均质的展示空间，将新馆巧妙地与主馆的既有环境融为一体。前川的设计中带有一分其师没有的严肃认真。

中庭周边

村野藤吾设计的目黑区综合厅舍的和室障子拉门便是借鉴了这种间隔不断变化、律动感十足的百叶窗设计。柯布西耶不仅构思出多种建筑理论，还创造出很多让人争相模仿的优质造型，给20世纪的世界带来了极大的影响。(※中庭禁止出入)

# 向西洋美术馆致敬

大音乐厅内随机配置颜色各异的座椅。即使出现空位，看上去也像是座无虚席一般热闹。

## 融入公园自然景致的音乐殿堂

要在上野公园里建一座音乐殿堂，想必不是一件易事。

设计者前川国男是勒·柯布西耶的弟子。这幢建筑的清水混凝土及石材墙壁等设计均与对面的国立西洋美术馆有共通之处，间隔有所变化的玻璃窗框与国立西洋美术馆里律动感十足的百叶窗相似。

不过，前川并未一味地模仿老师。他从柯布西耶那里学到了很重要的一点——空间结构乃建筑的关键。另外，前川也有自己领悟出来的原创理念。他认为，对于建筑来说，经过深思熟虑的设计方案和实打实的精湛技术是至关重要的。

进入建筑内部也依然有一种置身户外的感觉。玻璃窗将公园的绿意引入室内，和室内装潢融为一体。形似落叶的地面瓷砖图案，是前川事务所的设计师们花大量时间编织出的自然美感。

再往里走，就会看见一大片为艺术而生的人工空间。合理配置的座椅和出自艺术家之手的音响反射板使人更容易沉浸于精彩的演出之中。厚实墙壁的对面是短暂的虚拟现实的世界。

在供人享受中场时刻的休息室里，人们可以再次恣意地感受自然。这里宛如富于变化的大地一般。通向各大、小音乐厅的地面上的斜坡非常稳固，可谓是岿然不动。

基于精细的设计和施工而建成的空间，使自由开放的公园和严肃庄重的艺术的并存成为现实。

**东京文化会馆**
*Tokyo Bunka Kaikan*

**1961**

**前川国男**
*Kunio Maekawa*

RC+S结构 地上5层、地下2层

### ●交通方式
台东区上野公园5-45
JR上野站公园口步行1分钟

### ●其他信息
●音乐资料室 周二至周六13：00—20：00 周日、法定假日13：00—17：00 周一休息
●餐厅 Forestier ●咖啡厅 HIBIKI ●日式小商品店 匠音 营业时间：11：00—19：00
●礼品商店 营业时间：10：00—19：00
※营业时间会根据音乐厅演出日有所调整。详情请咨询该馆。

## 大音乐厅

大音乐厅呈六边形平面，共有5层、2303张座椅。山毛榉材质的音响反射板出自雕刻家向井良吉之手。据说当初建筑师向其邀稿时表示希望呈现出一种"即将喷发的火山口裂缝中火焰岩浆隐约可见"的感觉，其余便都交给雕刻家自行想象了。

## 置身宛如户外一般的休息室

开放的休息室与传统的剧场形成对比。大音乐厅的内外墙壁均覆以工厂生产的碎大理石混凝土壁板。入口的屋檐让人觉得这里面才算是建筑真正的内部空间。

小音乐厅呈正方形平面，共有649张
座椅。墙壁上凸出的岩石状雕刻是雕
刻家流政之的作品。除此之外，小音
乐厅外庭和屋顶的雕刻，以及1992年
在休息室新添加的金色装饰物"江户
光彩"也出自他手。

小音乐厅

红与蓝

不仅体现了柯布西耶善用的
红蓝配色，同时，也很好地
保留了前川自己的设计风格。

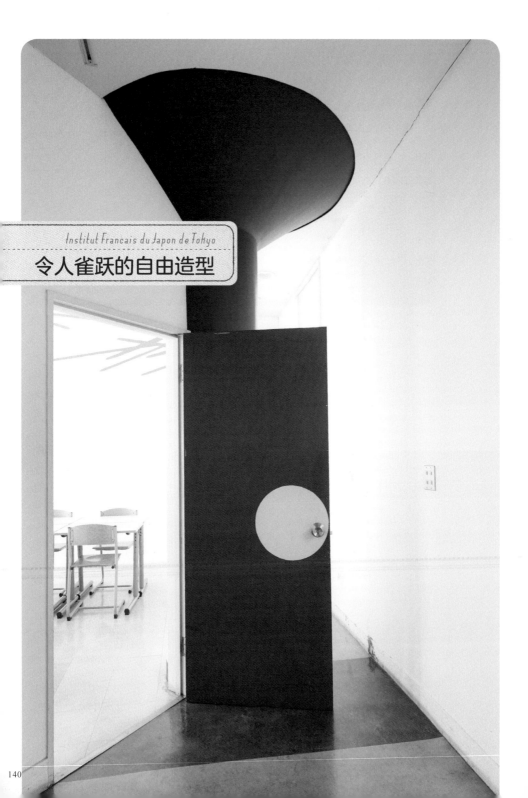

# 令人雀跃的自由造型

## 既朴素又丰富
## 随处可见的法式特色

教室内的艺术设计使小朋友们能够享受开心跑跳的乐趣。为纪念建校六十周年，16名法国艺术家集结一堂，以白色墙壁为画布，施展天马行空的自由创意。

这幢建筑由坂仓准三担纲设计，同前川国男一样，他也是法国建筑大师勒·柯布西耶的弟子。有旋转楼梯塔的半边建筑于1951年完工，现在主入口所在的另半边则于1961年完工。2012年，"东京日法学院"更名为"东京法语学院"，作为法国政府官方机构，传播法国的文化、思想、学问。

楼梯扶手以舒展的状态"驰骋"于空间中央。主入口的大楼梯（p143）采用洋房风格，从中间平台向左右两侧延展。但是，扶手的设计又别具一格，极具自由度。别说用较粗的将军柱确立拐角了，就连将军柱本身数量都很少。使用日常生活中的常用材料这一点让人觉得十分明智又恰到好处。

旋转楼梯的扶手（p145）亦能达到"无人似有人"的效果，让观者凭空想象人在楼梯上走动的样子。不加修饰的金属在下端旋绕，突出一种流动之感。

通过扶手的设计完成连接建筑内外的动态线条，使整个空间充满活力，这也是坂仓从柯布西耶那里学到的表现手法。另外，不受限于功能的自由造型也充分体现了坂仓的个人风格，这是他从现代建筑之前的建筑样式中获得的启发。可谓不拘泥于教条，朴素又丰富。将这种特点应用于建筑中，或许也是一种法国文化的体现。

---

**东京法语学院**
（旧东京日法学院）

*Institut Français*
*du Japon de Tokyo*

**1951/1961**

**坂仓准三**
*Junzo Sakakura*

RC结构 地上3层、地下1层

● **交通方式**
新宿区市谷船河原町15
JR、东京地铁东西线、南北线、有乐町线、都营大江户线
饭田桥站步行4分钟

● **其他信息**
不定期举办面向大众的活动（电影放映会、展览会、葡萄酒教室等）。
可通过La Brasserie餐厅体验法国美食与文化。

● La Brasserie
午餐：11：45～15：00（最晚点餐时间14：30）
晚餐：18：00～22：00（最晚点餐时间21：00）
休息日：周一及法定假日

学习法式品位

1）东京日法学院于1952年1月建校。为纪念建校六十周年而绘制于各教室的艺术作品十分有趣。桌椅也都是法国学校日常使用的种类，和纯白基调的教室内装很搭。

2）一边细心地保留木制窗框和楼梯扶手等原装构件，一边通过色彩变化等设计体现出现代建筑的清新感。起初，窗框的竖框部分是深绿色的，楼梯塔的玻璃砖部分装有小号竖长窗框，蘑菇形立柱（p140）也尚未被涂刷成现在的颜色。如今，宽敞明亮的窗户对面绿意盎然的风景亦十分珍贵。

现在三楼已用作教室，但其实当年
这里曾是院长的住所。阳光透过天
窗洒入楼梯塔底部。墙壁对面还有
一座以前仅供私人使用的旋转楼梯。

## 海螺般的造型

双螺旋楼梯的设计，基本只有在16世纪法国的香波尔城堡、18世纪会津若松的海螺堂才能目睹其真容。这座楼梯塔的旋转方式与上述二者皆不相同，楼梯平面采用三角折线式，楼梯的各边则选用了弧形，给人以圆润的柔和感，凸显出钢筋混凝土这种如雕塑般的姿态和黏土般的质地。

Athenee Francais

# 颜色和元素
# 各异却有趣

每次增建都会添加新的形状，于是就有了现在的
模样。楼梯塔和曲线屋顶的顶层于1968年完工。
不锈钢材质外墙完成于1972年增建教室之时。
从中可以窥见设计的乐趣。

## 雅典娜法语学校
*Athenee Français*

### 1962

### 吉阪隆正
*Takamasa Yoshizaka*

RC结构 地上4层、地下2层

● **交通方式**

千代田区 神田骏河台2-11
JR水道桥站步行6分钟、御茶水站步行7分钟

● **其他信息**

如需了解语言学校上课安排，请提前咨询学校。

● Lien Sandwiches Cafe（雅典娜法语学校店）
营业时间：雅典娜法语学校上课时
休息时间：周日、雅典娜法语学校休息时
非学校人员亦可进店用餐。

地下休息室天花板的形状让人联想到洞窟，充满地下世界的风味，玻璃窗又很有宇宙飞船的感觉，烘托出一种仿佛置身于绝壁之上的气氛，可谓集地上、地下感于一身。旁边是法式咖啡厅，面向大众开放，非本校学生亦可在此用餐。粉色门扉通向文化中心，有时会举办电影上映会。

## 摆脱思维定式
## 追求多样性

　　这不是一幢整齐划一的建筑。各部分墙壁的颜色都不　样。粉色混凝十外墙上错落的图案其实是一个个法语字母，组合起来便是雅典娜法语学校的名称——ATHENEE FRANCAIS。刚感叹设计元素风格粗犷，转头就看到左边锃光瓦亮的不锈钢墙壁。水平基调的建筑中竖起一座塔，进入里面会发现门把手和窗户的形状也各不相同。

　　勒·柯布西耶的弟子吉阪隆正率领他成立的U研究室设计了这幢建筑。

　　柯布西耶认为现代建筑并非要创造一个均质的世界，而是应该催生丰富的多样性。要从某种构件就应该是某种样子的思维定式中跳脱出来，并根据功能需求来进行不同的设计。以窗户为例，他曾将通风用竖向长窗和采光窗设计成不同的样子。

　　1950年至1952年，吉阪在柯布西耶的工作室学习技艺，当时正是这种理念势头高涨的时期。回到日本之后，吉阪创建了一支并非一言堂、鼓励个性碰撞的设计团队，更进一步推进了这种表现手法。

　　要说各不相同有何好处？首先是能够实现最适合、最恰当的设计。位于顶层的教室就连天花板的造型都非常舒展自由。在有效利用倾斜地面而建成的地下室内，能同时感受到洞窟和天台的氛围。创作者发挥本领，欣赏者也必然会喜欢上众多设计中的某一种感觉。通过人流的动态线条将风格各异的设计连接在一起，至于怎么解读就交给未来的人来定夺。这种设计手法体现了吉阪主张的"不连续统一体"理念。

顶层教室的屋顶形状、楼梯平台的方形、楼梯塔的三角形……阳光透过各种形状的窗户洒入室内。从有弧度的书架、扶手等的设计可以看出设计者非常擅长这种与人亲近的人性化设计。

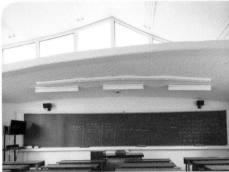

National Diet Library

# 以书库为中心的
# 回字形设计

尽享海量藏书
承重混凝土立柱也充满魅力

这一集全日本知识于一身的书籍殿堂，设计合理，又别有味道。

主馆是1954年战后日本首次举办的国家公开设计竞赛的获奖作品。MID同人（师从前川国男并继承其思想的建筑同好团体，主要成员为前川国男建筑设计事务所成员）的方案在122件参赛作品中脱颖而出。由他们负责主馆的方案设计。随后，建设省营缮局在其基础上，进行施工图设计。1961年一期工程的书库和阅览室的一半得以完工，1968年全馆落成。

主馆平面呈回字形。在匿名审查阶段，参赛者在图纸上留下了"回"字暗号，想必对提交的方案满怀信心吧。主馆整体由两栋建筑组成，一是位于中央、边长45米的正方形建筑，此为书库栋，二是

环绕在书库栋外面的办公栋，它也是正方形建筑，边长90米。在办公栋的二至四层设有阅览室。

为了应对不断增多的藏书需求，与主馆相连的新馆于1986年竣工。新馆以上下划分区域，并非内外。建筑深达地下八层，设有书库和机房，基坑开挖深度处于东京砾石层之上。

海量藏书使它难以重建。多年来，由于保养、维护、管理十分到位，它现在基本上仍然保持着竣工时的良好状态。主馆和新馆的建造年代不同，设计思路自然有所不同，但是二者在表现手法上是有共通点的，即均秉承以人为本的原则，从读者的角度出发进行设计，这在建筑选材和引入自然光等细节上均有所体现。

为收藏图书而扎根于土地的图书馆，其实也收藏着现代建筑的历史。国立国会图书馆的建筑符合首都的身份，但在东京又实属罕见。

国立国会图书馆
National Diet Library

1968/1986

主馆/MID同人＋
建设省营缮局
MID + Ministry of Construction
新馆/前川国男建筑设
计事务所＋MID同人
Maehawa Associates, Architects &
Engineers + MID

主馆/SRC结构地上6层、地下2层
新馆/RC+SRC+S结构 地上4层、
地下8层

●交通方式

千代田区永田町1-10-1
东京地铁有乐町线永田町站步行5分钟

●其他信息

入馆资格：年满18岁
※未满18岁的读者若有意阅读馆藏资料，请提前致电咨询。
休馆日：周日、法定假日、岁末年初、每月第三个周三（资料整理休馆日）
开馆时间：9：30—19：00（周六9：30—17：00）
受理资料阅览申请：9：30—18：00（周六9：30—16：00）

真理がわれらを自由にする

阅览室

主馆二层大厅里林立着清水混凝土立柱。图书柜台上方刻有"真理使我们自由"的字样，这句话出自《国立国会图书馆法》的序言。上下楼层均为书库，出于支撑空间、强化结构的考量，在大厅外围立柱之间设置了斜格纹部分，格纹框内的彩色玻璃亦使室内增色几分。

采光中庭

新馆

1）新馆中两根立柱一组的设计既时尚又科学。同时，从通过手工凿毛工艺进行粗糙化处理的混凝土墙壁及手工打磨的石质扶手中可以看出，新馆有意识地应用修建主馆的时代常见的手工工艺，打造有温度的设计。

2）地下一层至地下八层均为新馆书库，深达近30米。设有采光中庭，阳光透过玻璃照射进来，地下空间不再封闭，使内部工作人员感到安心。

## 抓人眼球的漂亮瓷砖

整座图书馆配色亮眼，但这也不影响屋顶小屋的瓷砖设计成为它的又一大亮点。讲堂的圆形屋顶突向顶楼（左上图）。四层及以上楼层的墙壁与中央的书库相距较远，这是为了保证能够在书库和办公栋之间设置采光中庭，使自然光能通过天窗照进室内。近年已在抗震改造工程中进行补强加固。

## 入口

开馆时，用地东北侧设有都电①三宅坂站，因此将图书馆入口设置在车站附近。但后来新开业的地铁站位于方向完全相反的西南侧。于是建设新馆时，制作了引路石墙的标识，并铺设砖红色瓷砖。

① 都电：东京都电车，即曾运行于东京都内的有轨电车。

## 主馆、新馆尽收眼底

新馆外墙由混凝土浇筑一体成形手段完成，使得建筑表面形成瓷砖贴片般的视觉效果。这种表现方式是20世纪70年代以后前川国男建筑设计事务所的典型特征。三种蓝色系的瓷砖混搭，看起来既沉稳又利落。入口的清水混凝土立柱与主馆相呼应。

# 建筑师传奇

## ③ 前川国男

*Kunio Maehawa*
*(1905—1986)*

出生在新潟县，成长在东京。东京帝国大学毕业后，于1928年至1930年期间，在勒·柯布西耶的巴黎事务所工作。回到日本后，曾就职于安托宁·雷蒙德的事务所，后于1935年自立门户。本书未介绍的现存作品包括前川国男家宅（现在已迁至江户东京建筑园，1942年）、神奈川县立图书馆及音乐堂（横滨市西区，1954年）、东京都美术馆（东京都台东区，1975年）等。
【本书介绍：东京文化会馆→p135/纪伊国屋大厦→p171】

## 坚信空间可以改良社会

前川国男于1928年3月31日毕业典礼之日启程，乘西伯利亚大铁路远赴巴黎拜师学艺，随后在勒·柯布西耶的事务所工作了两年。这便是他的传奇故事。

1930年春天回到日本之后，他入职安托宁·雷蒙德的事务所。1935年自立门户。但当时的大环境并不具有新建房屋的条件。因此，前川选择不断参加竞赛，在磨炼技能的同时，打响自己的名号。他于1986年辞世，享年81岁。前川是一位第二次世界大战以后极具代表性的良心建筑师，他为世界留下众多优秀建筑作品，其中以公共建筑为最多。

前川很排斥传统样式。他主张在稳固根基之上创造建筑。他认为，宫殿般的厅舍、日本式的屋檐，这些设计除了让观者感叹过往的样式之外并无他用。而且，仔细追根溯源的话，还可能发现这些设计并没有确确实实的史料依据。在他的观念里，没有确切的依据，未经仔细的核实，大家竟然能对这些样式信以为真并将其应用在建筑之中，实属大胆。

对待技术，前川也始终秉承这种追根溯源的态度。他重视合理性，经常前往施工现场进行管理。他十分厌恶那种"说不上哪里有点现代"的浮躁风格。

写到这里，感觉好像不太有趣。实话实说，他的作品也并不都是令人大赞帅气的建筑。东京文化会馆的大屋檐似乎是柯布西耶风格的模仿之作。稍显笨重的瓷砖外墙几乎出现在他70年代以后的所有作品中。说到底，缺少变化这点就很不现代。

如果光是看照片还是觉得不太理解的话，非常推荐各位实地走访一下。他的每一个作品都呈现出一种稳固的空间，它们确实是反复斟酌的设计和用心负责的施工的产物。随着脚步的移动，所看到的建筑也会呈现不同的姿态。正因为建筑是一种岿然而立的优秀文化遗产，所以才能真实地反映人类的行动和情感。

前川是空间的造型师。他始终坚信，符合建筑本源且无可替代的"空间"能够给人类社会带来正面影响。同时，他不断尝试凭借有根有据的现代设计和工艺来赋予建筑新的起点。让我们实地走访，用身体来感受如此认真又快乐的前川国男的建筑作品吧！来吧，来感受他的世界！

# Area-

## 4

区域四

# 新宿、四谷地区

*Shinjuku, Yotsuya*

# 现代建筑黄金时期的
# 代表性教堂

東京圣玛利亚
主教座堂
Sekiguchi Catholic Church
St.Mary's Cathedral Tokyo

1964

丹下健三
Kenzo Tange

RC结构 平房、地下1层

●交通方式
文京区关口3-16-15
东京地铁有乐町线
护国寺站步行8分钟

●其他信息
●平日弥撒
每周周一至周六7: 00
【地下教堂】
每月第一个周六10: 00
【地下教堂】
●主日弥撒
周六 18: 00【地下教堂】
周日 8: 00【大教堂】、10: 00
【大教堂】、12: 00【地下教堂】
※或因其他活动中止弥撒,详情
请提前咨询。

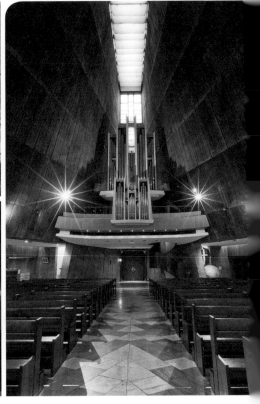

震撼的空间

教堂内部空间设计巧妙，游走于其中时视觉效果不断变化，但立于中央时又会发现它其实左右对称。石砖地面体现了传统教堂的风格。配合墙壁曲面设置的管风琴对侧为建筑的正面。上至天花板、下至地面的带状玻璃直接将天光引入室内。

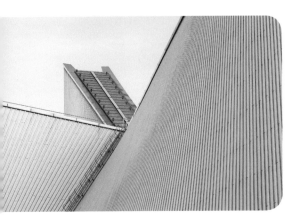

外覆面的材质感

2004年，以献堂四十周年为契机，在保留原始设计的前提下，使用高性能不锈钢全面翻修教堂外覆面。这次翻修工程使竣工不久便因漏雨而被遮挡的十字形天窗也重获新生。宗教法人天主教东京总教区尊重、爱惜、努力保护原始设计，长久以来一直守护着这座教堂。

## 抽象的形态、不锈钢的外观
## 形似万物、庄严神圣

　　这座建筑是单一创意的胜利。作为日本天主教再传教一百周年纪念项目的一环,人们决定建设一座新的大教堂。1961年,指定丹下健三、前川国男、谷口吉郎三位日本建筑巨匠作为设计候补人选进行招标,最终丹下健三获得了设计权。八片钢筋混凝土材质的双曲抛物面薄壳斜倚在一起,组成整体建筑结构,围出教堂内部空间。阳光透过最上方的十字形天窗飘洒而下,照进室内。这一极简设计巧妙地融合了现代感和教堂的神圣氛围,堪称完美。

　　1964年,建筑竣工,予人以更加不可思议的感觉。从熠熠发光的不锈钢外观上感受不到人工设计的痕迹和重力带来的沉重感。双曲抛物面薄壳宛如游走于三维空间内的直线轨迹一般。建筑外观本身完美地诠释了"抽象"二字。

　　正因为结构和空间一致,内部和外部无偏差,它才能作为现代建筑黄金时期的代表性建筑为人们所熟知。

　　然而,教堂内部却给人以完全不同的印象。清水混凝土墙面是教堂建设的见证者。越靠近角落越贴近地面的倾斜内壁给人以视觉和体感上的双重压迫感。在混乱中忽而抬头,映入眼帘的是明快的十字形天窗。阳光透过天窗洒进室内,墙面上的光影效果也会随着时间的流逝不断发生变化。被墙壁包围住的内部空间,其实有着与外部相通的现代感。

　　传统天主教堂采用这种降临于地面般庄严神圣的设计理念,在历史上留下了自己的印记。

## 西洋外观、和风茶室
## 跨越和洋界限

您有没有在人潮熙攘的JR新宿站旁边看到过一幢八角形大厦？那里面隐藏着正统的和风茶室。

首先，让我们来到九层。走出电梯，映入眼帘的是合理应用大厦外形的茶庭（又称露地）。这里设有仿表千家（茶道流派之一）"不审庵残月亭"而建的12叠（1叠≈1.65平方米）、10叠、3叠半台目（1台目≈3/4叠）的茶室。可以在此品尝真正的怀石料理。

然后，让我们下到八层。这里是座椅席。虽然并未特意使用高级材料，而且除了不动声色地使用了一些杉树圆木以外，也没有特别刻意采用日本风格。但不知为何，就是能让人从中感受到日式意趣。

大厦由明石信道担纲设计，他是当时茶室主人弟弟的老师。同时，茶室主人还与一代文豪川端康成交好。经川端康成牵线与表千家家元（流派家主、掌门人）取得联系后，对方又向其介绍谷口吉郎。最终，由谷口负责六层、八层、九层的室内设计。

谷口的功力体现在障子、天花板、照明灯具等线条连贯的设计上。就连材料接缝处都散发着精心细致的手工感，让人不由得沉醉其中。同时，还能从其良好的保养状态中感受到使用者的爱惜之情。建筑展现出来的融合技巧，跨越了日本与西洋的界限。

六层的"古今沙龙"亦是对和式风格的现代解释。既没有单调的豪华，也没有生硬的道理，有的不过是材料营造出的凛然氛围。感觉可以在此偷闲，实现真正的游乐。

这一经过精心设计、重视因缘的空间，已然承接了跨越时间和地点的茶道精神。

安与大厦
*Yasuyo Bldg.*

*1968*

明石信道
*Shindo Akashi*

SRC结构 地上9层、地下2层

就连八角形边缘也都细致地安装了铝制百叶窗。凝神一看，会发现其截面形似埃菲尔铁塔。照进室内的自然光，以及夜晚雪洞灯状的灯光反射，全都是经过精密计算设计出的效果。

● **交通方式**
新宿区新宿3-37-11
JR新宿站中央东口步行1分钟

● **其他信息**
● 新宿 京怀石 柿传（安与大厦六至九层）
午餐 11：00—最晚点餐时间14：00（周末及法定假日15：00）
晚餐 17：00—22：00（最晚点餐时间20：00
※茶室19：30）
全年无休（岁末年初/夏季孟兰盆节除外）

残月亭这一仿作，无论是极具特色的
2叠上座，还是不做吊顶的倾斜天花
板，各种细节都忠于原茶室。与依靠
自然光线的原茶室不同，处于大厦内
部的仿作只能在障子门窗的对面安装
灯具，模仿自然光。人们曾于2015
年对茶庭进行过一次改造，依然保留
了谷口的原始设计。

这便是和风现代

茶室的仿作即仿照原品而建的复制品。九层的"残月亭"便是表千家不审庵同名茶室的仿作。据说原本的残月亭也是千利休聚乐屋敷"色付九间书院"的仿作。残月亭因丰臣秀吉曾靠在色付九间书院上座的柱子上眺望残月的传说而得名。

优美的沙龙

六层的"古今沙龙"里，坐面偏低的椅子也散发着现代的气息。吧台对面的大谷石和接缝处的设计都是谷口喜爱的风格。

谷口很喜欢六边形。六层、八层、九层采用的照明灯具均为六边形，但又各有不同，不露声色地展示着统一和变化的共存。精心设计的障子门窗也起到了很好的装饰效果。经过细致的光线计算，即使身处在层高受限的高楼大厦中，也不会觉得光线压抑。

经过精心计算的布置

# 朦胧缥缈的
# 西洋古堡风情

外墙、窗框、楼梯扶手……
通过不同材质的建材将整体
分割成多个部分。这种村野藤
吾擅长的表现方式与周边变
化的绿意相互调和,共同打造
出一种对室内人员和室外人
员都很友好的舒适环境。看到
这幢建筑,你会不由得幻想东
京若是变成这样的田园大厦
都市就好了。

麴町大楼
Kojimachi Daibiru Building

1976

村野藤吾
Togo Murano

S结构 地上7层、地下2层

●交通方式
千代田区麴町5-7-1
东京地铁有乐町线 麴町站步行
5分钟

## 持续运转不过时的
## 老牌写字楼

　　纪尾井町是江户时代大名（俸禄高达一万石以上的武士）府邸聚集的颇具历史渊源之地，如今，背街小巷依然保留着当年的静谧风貌。在土地开发风潮的影响下，1976年，这幢写字楼拔地而起。

　　这幢建筑之所以会让人联想到西洋城堡，大概是因为它凹凸有致的外观吧。凸出的正面强调出立体效果，让人感觉建筑整体左右对称。墙壁分为多个部分，且看似形状复杂。但其实，这些不过是将各种工业制品组合在一起而已。外墙是由工厂提前生产的预制混凝土构件组合而成的。建筑用地狭长导致建筑侧面也很长，所以建筑师将墙上的窗户设计得比一般的大厦要大一些。

　　建筑侧面与公路之间的绿化效果很好，种有大量植物。经过四十余年的岁月，这些植物现在已经长得像天然森林一样茂盛。墙面上的凹凸设计和材质的粗糙感，使建筑外观免于单调，和树木的变化产生共鸣。映照在窗畔平滑玻璃窗上的绿意，带给室外行人的视觉效果大于带给室内员工的。彻头彻尾的现代建筑思维，使得这幢建筑带给过往行人一种舒畅的视觉享受。这是一幢配合周边环境特征建成的田园风情写字楼。

　　当然，这无疑是一幢严肃认真的商业大楼。只不过，不同于其他四四方方的写字楼，这种错落有致的外观会使租户产生一种自己是一国、一城之主的感觉吧。实际上，数年前开始，一家着迷于它的尖端企业便租下整幢楼并已入驻。它是一幢长时间运转的建筑，整体符合其当年的大阪老牌开发商和设计者村野藤吾的风格。

*Kinokuniya Bldg.*

从过去到现在一直是
新宿不变的碰面场所

## 瓷砖、标识、剧场……
## 看点满满的亲民大厦

建筑风格简单明了，却又目标明确。一层及地下均为店铺楼层，上面的纪伊国屋剧场可容纳418人。书店、办公室进驻其中，正面通道可直通后街。

这是前川国男第二次在同一选址为纪伊国屋书店设计建筑。第一次的作品于1947年完工，是一座受纪伊国屋书店创始人田边茂一之托而设计的木结构二层店铺建筑。当时的建筑带有开放空间和长廊，阳光透过宽敞明亮的玻璃窗照入店内，似乎也浸染了书店独有的文化的气息。

后来改建的时候，田边更加期待能把此处打造成新宿地区极具代表性的文化交流场所。当时，法律规定建筑高度不得超过31米。想要在细长的用地中建设一幢剧场并不容易，但巧妙的设计最终将其变为现实。以瓷砖图案装点地面，还能欣赏向井良吉雕刻作品的知名剧场就此竣工。

根据当时的建筑基准法，建筑限高但不限宽，只要在建筑用地范围内，可以设想建多大建多大。即便如此，这幢大厦也还是在主干道路旁留下了供人停留的空间。两侧墙壁宛如将人拥入怀中的手臂一样伸展开来。厚重的瓷砖紧贴混凝土，从中能够感受到设计者想要通过建筑来持久地为都市提供文化场所的意图。

强力又洒脱，正如田边、前川，以及从前千千万万对不确定的未来充满期待的知识分子们一样。这幢建筑就是他们存在过的证明。

## 纪伊国屋大厦
### Kinokuniya Bldg.

### 1964

### 前川国男
### Hunio Maehawa

SRC结构 地上9层、地下2层

### ●交通方式
新宿区新宿3-17-7
JR新宿站步行3分钟，
直通东京地铁副都心线、丸之内线、都营新宿线新宿三丁目站

### ●其他信息
●纪伊国屋书店 新宿总店
营业时间：10:00—21:00 全年无休
●纪伊茶屋
营业时间：10:00—21:30（最晚点餐时间21:15）

日本国内屈指可数的中型剧场。做工精细、保留最初设计的室内两侧装有向井良吉的雕刻作品"殷之铜器"。大厦入口处"纪伊国屋书店"的看板文字亦出自向井之手。

从卖场到剧场

每层基本都以长轴方向的单侧空间作为通道，整体结构设计科学合理。休息室里装有清水混凝土立柱。颜色深浅不一的地面瓷砖为整体增添色彩感和多样性。

# 大胆的设计！
# 地面上开了个洞

## 新宿城市副中心建设计划中
## 坂仓准三的精心设计

1946年的区划整理项目中早已决定这片广场的面积，但直至1960年敲定新宿城市副中心建设计划后，广场项目才正式启动。1961年，坂仓准三受小田急电铁（日本大型私营铁路之一）之托，设计新宿站西口大厦。以此为契机，坂仓才与这一项目产生接点。在那之前，他在南海电铁和东急电铁（均为日本私营铁路）的工作也都备受好评。1963年，小田急电铁成为地下停车场的业主，同时也负责广场的设计工作。

坂仓提出的设计方案可谓是前无古人后无来者。他提议在连通周边车站和建筑的地下一层与地面之间挖一个长约60米、宽约50米的大洞。这样一来，就无须安装向地下输送空气的通风装置，可以降低成本。

起初这一大胆的方案引发众议，但最终事业主体，即新宿城市副中心建设公社予以肯定，选用此方案。于是就有了现在这样一幅画面——像是要被吸进地下二层停车场般的汽车队列、沐浴在阳光下的绿意以及走走停停的行人。既活跃有力又开阔洒脱。另外，随处可见颜色贴近生活的瓷砖。

坂仓的作品涉及多个领域，小至家具等与身体直接接触的物件，大至建筑乃至城市。他认为这些设计都需要秉承以人为本的原则。这种思维方式是他于1929年赴法后，从世界建筑巨匠勒·柯布西耶身上学到的。不过，就连他的老师柯布西耶本人都未能在本国实现如此规模的设计。坂仓得以这般施展才华，很大程度上得益于日本经济高度增长期的时代机遇。组织性和合理性，计划性和个人性，它们之间究竟是因果关系还是转折关系，值得深思。

1

大城市

### 新宿西口广场
Shinjuhu Station
West-gate Plaza

1966

坂仓准三
Junzo Sahakura

RC结构 地下3层

2

在新宿感受现代

●交通方式
新宿区西新宿1-1
JR新宿站

1）1967年竣工的小田急百货店也是坂仓的作品。它由新宿站西口大厦和北侧的地铁会馆两幢建筑组成。坂仓与地铁会馆的设计者交涉决定他只负责外观设计，因此不会让人觉得风格不统一。两幢建筑均以铝制壁板统一风格，再于细部做出变化和区分。2）楼梯扶手使用特制的大号瓷砖。这些颜色各异的瓷砖兼具土木设施所必备的耐久性和贴近生活的材料质感。新宿西口地下通道连通了众多大厦，SUBARU大楼便是其中之一。由雕刻家宫下芳子设计并制作的"新宿之眼"于1969年被安装在SUBARU大楼的墙壁上，现在其威慑力之强依旧不减当年。

*Coffee Lawn*

# 繁忙都市中的
# 小憩之所

## 触动人心的模样

室内空间视野良好，一部分
要归功于较低的座椅。一层
和二层靠近马路一侧的座椅
也都配合墙面形状直接固定
其中。当初，座椅坐面颜色为
茶色系，吊灯较低容易碰到
头。近半个世纪以来，除此之
外的布置竟没发生任何改变。

## 包围感和开放感并存的
## 惬意空间

咖啡厅体现的不是复古，而是现代。精雕细琢的木材、弧度明显的座椅、豪华的装饰……这些寻常咖啡厅的常见元素在这里统统没有。

咖啡厅外面没有设置展示柜，所以起初可能会让人觉得有点难以进入。其实，倾向马路的墙壁和圆筒形装饰之间有一个地方凹了进去，并且装有大块玻璃，那里就是咖啡厅的入口。推开门，就会明白外观形状直接决定内部空间。内外的建材和风格都有共通之处。即使面对初次造访的新顾客，店员也会像对待老顾客一样热情地招待，这里也成为人们日常小憩的绝妙空间。现代的咖啡厅散发着大都市的气息。

店铺虽然临街，但又令人感到安心，秘诀就在于落到细节上的精心设计。座椅的尺寸设定和空间有着紧密的关系，旋转楼梯的宽度和天花板的高度也都刚刚好适合人们移动。合理的设计营造出恰到好处的一体感，让人感到十分安心。

藏身于室内，却能观察街景。入口外的大块玻璃也好、旁边的缝隙也好，都直接连通一层和二层。这是经过精确计算的开口部设计。设计者并非将咖啡厅看作一种装饰，而是将它看作一整个空间，联系着室内装修、建筑外观乃至整座城市。

这幢建筑是设计者的处女作。建筑师高桥靴一是这家店的老顾客，并且事务所就在这附近。上一任店主找他商量相关事宜，高桥向他推荐了池田胜也。池田曾在高桥的事务所工作，后来以女儿出生为契机离职，自立门户。池田之女由比是时下当红的建筑师，与同为建筑师的手塚贵晴既是夫妻关系又是工作伙伴。这间容貌不变的咖啡厅，现在也依然见证着城市的千变万化。

## Lawn 咖啡厅
## Coffee Lawn
## 1969
## 池田胜也
## Hatsuya Ikeda

RC 结构 地上 4 层

●交通方式
东京都新宿区四谷1-2
8，东京地铁丸之内线、南北线
四谷站步行1分钟

●其他信息
营业时间：周一至周五8：00——
19：45（最晚点餐时间19：15）
休息日：周末及法定假日

手工的厚重感

密实的清水混凝土墙壁上贴着意为
草坪的"Lawn"一词。不仅店内的
鸡蛋三明治和奶昔,就连门把手都
充满手工感。诚实且不变,隐于都
市之中的小憩之所。

1）建筑用地一面临街，三面被其他建筑包围。设计者独具匠心，在正面造型中大量使用几何图形。一、二层是咖啡厅，三、四层是住宅。右手边的圆筒形装饰其实是住宅入口。2）清水混凝土、瓷砖、胶合板、玻璃……设计者将这些朴素的工业材料适材适所地应用在这幢建筑里。这样一幢堪称现代建筑代表性元素满载的四层小楼至今仍以商业设施之姿伫立街边，可以看出两代店主对设计者的初心充满敬意。

# 建筑师传奇

## 4 坂仓准三

*Junzo Sakakura*
*(1901—1969)*

出生在岐阜县。从东京帝国大学毕业后，于1931年至1936年期间，在勒·柯布西耶的巴黎事务所工作。回到日本后，为建设1937年法国巴黎世博会日本馆而再次前往法国。1940年设立坂仓准三建筑研究所。本书未介绍的现存作品包括神奈川县立近代美术馆镰仓馆主馆（神奈川县镰仓市，1951年）、冈本太郎纪念馆（东京都涩谷区，1953年）等。
【本书介绍：塞雷纳名苑→p090/现代名苑→p095/宫崎县东京大厦→p125/东京法语学院（旧东京日法学院）→p141/新宿西口广场→p175】

## 继承柯布西耶设计理念
## 小至家具大至城市皆有涉猎

令人觉得不可思议的是，第二次世界大战以后最成功的建筑设计事务所的所长坂仓准三其实并非建筑科班出身。不算世间尚且动荡的明治初期，这种建筑师在日本实属罕见。

坂仓就读于东京帝国大学文学部，专修美术史。上学时曾阅读柯布西耶的著作，萌生想要拜师学艺的想法。1929年远渡法国。1931年起在柯布西耶的巴黎事务所工作了五年。

他在1940年设立坂仓准三建筑研究所。第二次世界大战以后，以南海电铁的工作为契机，多次参与东急涩谷、小田急新宿、近铁名古屋等公司主要车站周边的大规模规划设计工程，在城市规划领域获得一席之地。

坂仓还设计出不少优秀的公共建筑作品，例如鲜明地展示近代美术馆姿态的神奈川县立近代美术馆（1951年）、为故乡设计的羽岛市厅舍（1959年）、反向屋顶强劲有力的枚冈市厅舍（1964年）等。这些造型舒展的设计象征着不断发展的日本。盐野义制药研究所（1961年）等民间建筑亦是如此。松本幸四郎宅邸（1957年）亦为现代风格宅邸。即使事务所逐渐扩大的规模和名声都已不可同日而语，坂仓依

然一直接受住宅的设计委托，这是他所坚持的原则。常见的室内低座椅也出自坂仓准三建筑研究所之手。负责设计这种座椅的长大作后来离开事务所自立门户，成为极具代表性的室内设计师之一。

坂仓可谓是柯布西耶小至家具大至城市的设计精神在日本最成功的践行者。家具也好城市也罢，究其根本都是供人类使用的，从这点来看二者并无不同。他坚信，建筑师回归原点的设计能够一点一点地帮助世界向更好的方向发展。坂仓的弟子也将这种精神很好地传承了下来。

名宅塔之家（1966年）的设计者东孝光也曾是坂仓准三建筑研究所的一员。当时，他从大阪分所来到东京，负责新宿西口广场工程项目，同时设计了这样一幢狭小住宅供自家使用。坂仓从来不会将弟子的个性模式化，这种作风或许也是承袭自柯布西耶的特点之一吧。

坂仓是一位十分坚韧的建筑师。他的建筑既符合工学美感，又具有企业特色，但又并非仅此而已。不论身在何处，他都不曾失掉那种原始的自由感，并且不断予周围以影响和感动。拥有独特经历和创新思想的坂仓活跃于日本建筑界中心，这恰好也体现出日本经济高度增长期的时代特色。

# Area-

## 5

区域五

# 世田谷地区

*Setagaya*

Komazawa Olympic Park Gymnasium & Control Tower, Komazawa Athletics Stadium

# 1964年东京奥运会的
## 时代印记

## 抬头看看管制塔
## 四处转转找细节

这一以现在的眼光看依然很有新意的空间，是1964年东京奥运会的第二会场。管制塔屹立于正面中央处。田径场和体育馆分别位于左右两侧，二者之间的广场上连一棵树都没有，一看便知此处为人造广场，而设计者也并不想隐藏这种人造感。

在广场和路面之间制造高低差，并以高低分界切割出广场的范围。整齐排列的铺路石加强了这种印象。可以说，现代的干脆利落和人类的成熟稳妥实现了完美的平衡。半个世纪后的今天，它已成为一个人潮涌动的城市广场。

看台可容纳近两万人的田径场是当年奥运会足球预选赛赛场。直接呈现结构体本身形状的屋檐强劲有力，向人们展示出充满魅力的一面。

对面的体育馆当年用作奥运摔跤场馆。当年的摔跤项目日本共计获得五枚金牌，奖牌数量位列参赛国之冠。内场位置稍低于广场地面，因此也不会对广场产生压迫感。振翅飞翔般的屋顶是公园的标志性设计。

尺寸巨大却依然给人以亲近感，这样的设计在使人联想到日式建筑梁柱的管制塔上亦有所体现。塔底水池中铺设各种多彩鲜艳的瓷砖。除此之外，在电灯、栏杆等地方，还有许多细节设计展示了奥运会的标志。欢迎四处转转找找看！

**驹泽奥林匹克公园**
**体育馆、管制塔**
*Komazawa Olympic Park*
*Gymnasium & Control Tower*

**1964**

**芦原义信**
*Yoshinobu Ashihara*

SRC结构 地上2层、地下1层／
地上12层、地下1层

**驹泽田径场**
*Komazawa Athletics Stadium*

**1964**

**村田政真**
*Masachika Murata*

RC结构 地上2层

管制塔是公园电力、燃气、供水、通信的中枢，同时也是纪念1964年东京奥运会的时代印记。建筑总高50米，顶部设有高10米的供水槽。铺有多彩瓷砖的水池里还保留着当年的圣火台。

●交通方式

世田谷区驹泽公园1-1
东急田园都市线驹泽大学站步行12分钟

183

广场占地 20 000 平方米，大部分地面已铺设天然花岗岩石板。体育馆的压低屋顶由四个薄壳组成，与周边景致融为一体。

由几何形状构成

重建体育馆也曾被提上议题，但最终考虑到它对东京奥运会的纪念意义及其结构的耐久性符合要求等原因，决定以翻修代替重建。1993年进行外部空间内部化的大规模翻修后，持续使用至今。

形似花瓣

村田政真在设计驹泽田径场之前，还曾设计过东京国际贸易中心及东京都室内游泳馆，但现在二者皆已不存于世。他擅长充分体现结构美感的大规模建筑。此处像花瓣一样的屋檐结构便能体现出他的个人风格。

连通上下的螺旋楼梯形似贝壳。处处体现立体的美感是整座公园的特色。

## 接触丹下健三的人文主义

这是一座让人更加醉心于丹下健三的幼儿园建筑。建筑于1967年竣工，是丹下健三全盛期的作品。当时他接连不断地创造出震惊世界的巨大建筑，使人们深刻地意识到这位日本建筑大师的存在。

1947年，作曲家弘田龙太郎、日本画画家藤田复生、藤田妙子夫妻共同创办尤加里文化幼儿园。得知丹下也住在成城学园后，他们前去沟通，希望丹下能帮忙设计新校舍，没想到丹下竟愿意接手此案。据说，由于此前从未曾设计过幼儿园，丹下还主动提出希望能够拜访校舍，仔细观察孩子们的活动状况。

最终建成的校舍极具丹下风格，大量运用粗野的线条。工厂生产的预制混凝土结构构件呈放射性组合，俯瞰时感觉它集中于一点却又囊括所有教室。不论室内还是室外，建筑师以同一种法则处理整片用地。

*Yukari Bunka Kindergarden*

# 激发冒险心的幼儿园

最终完成的便是这样一个让人想要探险于其中的空间。倾斜的用地和不规则的坐标轴相辅相成，让人可以同时体验身在洞窟和处于房顶时的感受。凸出的构件将内部和外部连接在一起。品位出众的大玻璃窗和裸露在外的材料现在依然保持原样，这正是园方有意将"重视自我表达、培养儿童自主成长能力"的教育方针贯彻到底的证明。

像对待成年人一样对待孩子，是一份送给孩子迎接未来的真诚礼物，尽显人文主义情怀。

● 交通方式

世田谷区砧7-15-14
小田急线成城学园前站或祖师谷大藏站步行10分钟

● 其他信息

开设钢琴课、现代芭蕾等课程，欢迎咨询。

**尤加里文化幼儿园**
*Yukari Bunka Kindergarden*

**1967**

**丹下健三**
*Kenzo Tange*

RC结构 地上2层、地下1层

屋顶下围在玻璃内的空间
是室内，其余部分皆为室
外。一般的建筑会通过走
廊将成排的教室连接起来，
但这幢建筑则主张赋予小
朋友自行选择喜欢的领域
的权利。

有温度的木制家具

木制拉门和窗框均是一个一个单独
设计出来的。经过半个多世纪，也
依然状态良好。在面向幼儿的设施
里设置如此之多的玻璃实属罕见，
但据说这样一来小朋友反而会更小
心，不容易撞到。座椅也是设计者
精挑细选的天童木工（日本老牌家
具厂商）制品。

## 随处可见的圆形设计

室外屋檐下方的聚集空间，嵌入墙面的钟表，儿童尺寸的饮水处……或大或小的圆形图案出现在建筑内部，时有时无，非常有趣。

## 这里竟然有……

从弧形墙壁中突出来的圆形物体其实是建筑竣工当时安装的室外扩音器。虽然现在已不再使用，但仍然像一个谜之物体一样留在这里。

Western Style Bldg.

奢华灯光闪耀全场

## 吉田五十八
### 一流的低调奢华设计

迷人的光辉、阴影和暗处、纺织品的手感……这些在图纸上无法体现的元素，成为这幢建筑的主角。作为三越百货创立三百周年纪念活动的一环，这幢建筑于1972年竣工，现已成为驹泽大学深泽校区的校舍（本部校园也在附近）。

道路背侧有一片庭园，沙龙、食堂、酒吧等就开在它的对面。随着时代的发展，这一带逐渐由郊区变为市区。这样一幢既有讲述百货店历史的纪念馆，又可用作迎宾设施的建筑就落成于此。

进入大门，从大厅开始就极尽奢华。挑高的天花板、璀璨的吊灯、吸音效果优秀的厚实地毯、图案讲究的壁纸……整体给人以一种被热烈欢迎的感觉。透过玻璃可一窥中庭风采。

1）玄关和大厅之间长长的过渡空间。展示室以外的地方均为平房建筑，因此天花板挑高，吊灯效果极佳。正面能看到中庭。2）与大厅相连的沙龙为宽敞的开放空间，室内和室外庭园以整面玻璃窗隔开。地面铺设厚实的手工刺绣地毯，墙面贴有丝绸面料。

●交通方式
世田谷区深泽6-8-18
东急田园都市线驹泽大学站
步行15分钟

●其他信息
通常不对外开放。每年春秋两季开放庭园。详情请见驹泽大学官网。

**驹泽大学深泽校区洋馆**（旧三越迎宾馆）
*Komazawa University, Fukazawa Campus, Western Style Bldg.*

**1972**

吉田五十八
*Isoya Yoshida*

RC+S 结构 地上2层

设计者吉田五十八为这一江户时代以和服店起家、于昭和时代扩大规模的百货店，创造出一幢和洋结合的建筑。以合理的平面规划为基础，现代风格的玻璃落地窗使人坐在室内即可欣赏室外庭园美景，不输自然光的明亮灯光打造出人工照明的世界。低调奢华是吉田独具一格的设计风格。

在那个尽享经济高度增长期利好的富足年代，现代建筑师也应肩负起追寻日式奢华真谛的责任。

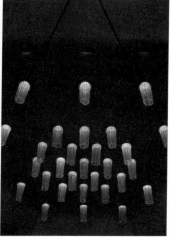

即使没开灯也不容忽视的各种照明灯具，是在雕刻家多田美波的协助下设计出来的。大阪丽嘉皇家酒店的灯具亦由吉田和多田联名设计。开灯后可提高透明感，使灯具呈现不同姿态。

奢华的灯光

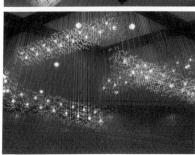

一如当年的氛围

地毯和壁纸也值得一看。大厅上部的壁纸乍一看带有日式风格，但其实却是美国制造。诸如此类设计，模糊了日本和西洋的分界线，创造出一种睿智的豪华感。

增添乡间别墅的现代感

1）吧台使人联想到传统的乡间别墅。宛如石头堆砌而成的墙面接缝处装有铁艺装饰，看上去像是飘浮在空中一样。这种既抽象又有趣的设计，使房间整体和窗外庭园十分相称。2）从庭园眺望，便是这般景致。凸向左边池塘的部分是餐厅，和右边沙龙之间以横亘于池塘之上的连廊相连。墙壁上部和栏杆的设计虽然抽象，但尽显以现代建材打造的和风细节。

外部尽显和风细节

## 神圣又大胆的寺院

*Manganji Temple*

满愿寺
*Manganji Temple*
**1969**
吉田五十八
*Isoya Yoshida*
RC结构 平房

### 跳脱社寺建筑常识的崭新风格

以不同于传统寺院的姿态，营造出凛然紧绷的氛围。

屋顶上未铺设厚重的瓦片，屋檐亦透着一股淡泊的美感。稍带飞檐翘角的金属屋顶打造出一种一体感，整体形状令人印象深刻。建筑整体维持着传统的平衡，但又省略部分细节。下面的立柱和横梁相接处并未使用常见的斗拱，而是有规律地露出白色截面。

正是得益于这种设计，"柱间"的计数变得容易许多。日本社寺（神社和寺院）建筑中，将相邻立柱之间的距离称为"柱间"。一般情况下，同一建筑物的相邻立柱间隔相同，因此通常以"柱间"的数量表示建筑的规模。

这座寺院一共有四"柱间"，是以往社寺建筑中前所未见的偶数"柱间"。即便如此，将正面大门算作两"柱间"，并将匾额置于中央，这样看上去便十分自然、毫无异样。

减少入眼的元素，使建筑的线面结构给人留下

## 光线充足的客殿

正殿和客殿以玻璃连廊相
连，即便合上障子拉门，室
外光线依然能够洒进正殿内
部。客殿以书院造（以书院
为中心的住宅样式）为根基，
同时呈现一种既现代又简洁
的造型，这点在天花板上的
照明灯具等处便有所体现。

## 震撼人心的天花板

正殿内部空间感鲜明。中央挑
高天花板将105叠的外阵（外
殿）和铺贴木板的内阵（内殿）
包覆其中。椽子和格状天花板
均非木制，而是运用了加入三
聚氰胺树脂的加工成型铝材。

## 设计上的省略

该建筑并非以钢筋混凝土模仿传统寺院的形态，
而是追求崭新的美感，细节之处极尽抽象之能事。
设计者当半还考虑以后想在客殿对面建造讲堂，
以便左右对称地围住中庭。

更深的印象。而且，轻而易举地跳脱常识。内部亦采用同样
手法。正是这种像住宅一样的简洁内部，才能更加凸显障子
的清凉感。放眼建筑史，这种与屋顶倾斜角度一致的天花板
实属异例，但考虑到这里是虔诚的祈祷空间，便觉得其实也
很合情合理。

　　由正殿、库里（寺院的厨房或住持居住的地方）、门组
成的外部空间亦设计得十分神圣。着手设计这座始建于室町
时代末期、成为众人信仰的寺院境内时，吉田选用钢筋混凝
土结构替代传统木结构，希望展现一种只有钢筋混凝土才能
实现的崭新形式。

## ●交通方式

世田谷区等等力3-15-1
东急大井町线等等力站步行3分钟
（※通常不对外开放）

195

# 建筑师传奇

## 5 吉田五十八

*Isoya Yoshida*
*(1894—1974)*

出生在东京都。出生时其父58岁，因此起名为五十八，并继承其母姓氏吉田。于东京美术学校毕业后开设事务所。1925年至1926年游历欧美。通过在各名匠手下学习和风建筑手法，确立吉田流近代数寄屋风格。本书未介绍的现存作品包括日本艺术院会馆（东京都台东区，1958年）、五岛美术馆（东京都世田谷区，1960年）等。
【本书介绍：驹泽大学深泽校区洋馆（旧三越迎宾馆）→p191/满愿寺→p194】

## 以现代的手法
## 将东洋和西洋融为一体

一位如国民作家般为世间所认可的建筑师登场于第二次世界大战以后。他便是吉田五十八。吉田生于日本桥吴服町，父亲为太田胃散的创始人太田信义。1923年，他从东京美术学校毕业后出国游历欧美。然而，从学生时代起就一直憧憬的欧洲现代建筑和他期待的并不一样，他反而震撼、倾倒于哥特式建筑及文艺复兴建筑，认为日本人应该以日式建筑与西欧名作一决高下。

起初，经东京美术学校的师长友人介绍，他主要为镝木清方、小林古径、川合玉堂等日本画家设计画室及住宅。他一边满足引领时代、个性十足的委托人的需求，一边创造日本传统和现代趣味相结合的设计。

吉田设计的房屋风格清爽，基本不安装壁龛、立柱等厚重部件。从外观上看是日式房屋，但内部基本使用西洋座椅。对于和洋融合这一明治以来的遗留课题，吉田大胆导入现代设计，交出了一份人们所认可的答卷。

随着第二次世界大战以后现代建筑成为主流，吉田开创的设计风格逐渐走向公众。例如，独特的榻榻米铺设方式、大尺寸的障子格子、和天花板融为一体的和风照明灯具等。他对和风建筑的影响极其深远，以至于人们现在会误以为这些设计是自古以来的传统风格。

进入经济高度增长期后，许多美术馆、酒店、会馆等大规模建筑的资方联络吉田寻求合作。他一边尽可能地满足对方的需求，一边发挥创意，尝试更为丰富的设计风格，例如平安风格、桃山风格等。在促使现代建筑进一步融入日本社会，甚至发展成国民艺术这件事情上，吉田的精湛技艺可谓功不可没。

*Kenzo Tange*
(1913—2005)

出生在大阪府,成长在今治市、广岛市等地。从东京帝国大学毕业后,于1938年至1941年期间就职于前川国男建筑事务所。1946年至1974年任东京大学工学部建筑系副教授、都市工学系教授。本书未介绍的现存作品包括国家重要文化遗产的广岛和平会馆主馆(广岛市中区,1955年)、香川县厅舍(香川县高松市,1958年)、山梨文化会馆(山梨县甲府市,1966年)等。

【本书介绍:静冈新闻广播东京支社→p055/东京圣玛利亚主教座堂→p159/尤加里文化幼儿园→p187】

## 既具有功能性
## 又令人安心的建筑

不管怎么说,他都是"世界的丹下"。日本虽有许多世界闻名的建筑大师,但首屈一指的当属丹下健三。而且,丹下研究室和设计事务所可谓人才辈出,培养出槙文彦、矶崎新、黑川纪章、谷口吉生等世界级建筑大师。

在后继无人的前提下,丹下可以说占据了日本战后复兴这一天时之利。1949年在设计竞赛中获得一等奖并于1954年正式落成的广岛和平纪念公园是他的第一件实际作品。想要将绝不再重蹈覆辙的信念永远地记录下来,只通过具体形态恐怕力度不够。因此,丹下打造出一座建筑,充分利用通向圆顶屋的轴线空间,将永恒的空间镌刻于土地上。

1964年举办东京奥运会,东京也成为亚洲第一座举办奥运会的城市。其师岸田日出刀任命丹下设计国立代代木竞技场第一、第二体育馆,而丹下也交出了一份世界顶级水平的答卷。1970年大阪世界博览会,丹下受托担任以节日广场为中心的会场项目总规划。他集结门下弟子的才华,引领项目走向成功。这份工作将他统帅团队的领导才能发挥得淋漓尽致。

即使身处时局动荡的20世纪,建筑师依然是不过时的职业。现代社会瞬息万变,堪称史无前例。建筑师不断扩充自我定义,主张能够给出生活空间改造答案的只有他们自己。

丹下极具说服力的理论体系恰好与这种想法完美契合。同时,这种理论也是第二次世界大战以后,重新出发的亚洲岛国向往和追求的理想目标。重点在于"说服力"三个字。"唯有美的建筑才具有功能性",公布广岛和平纪念公园设计方案时丹下曾这样说过。集众人智慧于一身的建筑,只具有功能性是不够的,必须重新厘清状况,让每个人都认可它的功能性并感到安心才可以。有形的建筑无论如何也无法成为体系本身,但其形态却可以超越理论,使人们在感情上予以认同。

经济高度增长期结束后,继承并发扬丹下思想的弟子们开辟建筑新时代。与之相对,丹下却将其活动重心转向东南亚和中东。20世纪的建筑化无形的理论体系为有形的动人成品,出现在需要它们的地方。

| 年表 | 建筑（东京/东京以外/国外）<br>※"+"为现已不存在的作品 | | 社会动态/建筑界动态 | 《东京复古建筑寻影》<br>《东京现代建筑寻影》介绍的作品 |
|---|---|---|---|---|
| 1868年 | 筑地饭店馆（布里珍斯＋清水喜助）＋ | 明治元年 | 江户开城/神佛分离令/戊辰战争<br>（1868—1869年） | |
| 1869年 | 新潟运上所（旧新潟税关厅舍） | 明治二年 | 首次使用电报连通横滨和东京 | |
| 1870年 | 奥斯曼巴黎改建规划（1853—1870年） | 明治三年 | | |
| 1871年 | 横须贺制铁所（凡尔尼）＋/泉布观<br>（托马斯·沃特斯） | 明治四年 | 废藩置县/日本邮政开业/芝加哥大火 | |
| 1872年 | 第一国立银行（清水喜助）＋/新桥停<br>车场（Richard Bridgens）＋/富冈制丝<br>场（Edmond Bastien） | 明治五年 | 银座大火/首次公布学制法令/日本首<br>条铁路（新桥-横滨）正式开通/福泽<br>谕吉《劝学篇》 | |
| 1873年 | 银座炼瓦街（托马斯·沃特斯）＋ | 明治六年 | 辰野金吾等人进入工部省工学寮造家学<br>科，成为首届学生 | |
| 1874年 | 外汇银行三井组（清水喜助）＋/驿<br>递寮（林忠恕）＋/巴黎歌剧院（查尔<br>斯·加尼叶） | 明治七年 | | |
| 1875年 | 见付学校（伊藤平左卫门）/睦泽学校<br>（现甲府市藤村纪念馆，松本辉殷）/中<br>迁学校（市川代治郎）/尾山神社神门<br>（津田吉之助） | 明治八年 | | 庆应义塾大学三田讲堂（曾祢中条建筑<br>事务所） |
| 1876年 | 开智学校（立石清重）/养米学校 | 明治九年 | | 东京医学校主馆（现东京大学综合研究<br>博物馆小石川分馆） |
| 1877年 | 常盘桥/华族学校正门（现学习院女子<br>大学正门） | 明治十年 | 西南战争/工部省工学寮更名为工部大<br>学校/乔赛亚·康德访日/第一届国内<br>劝业博览会 | |
| 1878年 | 妙法寺铁门/福住旅馆万翠楼/济生馆<br>主馆/札幌农学校演武场（现札幌市时<br>钟台） | 明治十一年 | | |
| 1879年 | 筑地训盲院（乔赛亚·康德）＋/三重<br>县厅舍（清水义八） | 明治十二年 | 工部大学校造家学科首届学生毕业 | |
| 1880年 | 丰平馆（安达嘉幸）/岩科学校（菊地<br>丑太郎＋高林久五郎） | 明治十三年 | 官营工厂出售概则 | 东京图书馆书库（现东京艺术大学红砖<br>一号馆，林忠恕） |
| 1881年 | 上野博物馆（后来的东京帝室博物馆，<br>乔赛亚·康德）＋/水海道小学校（羽<br>田甚藏）/西田川郡役所（高桥兼吉＋<br>石井竹次郎） | 明治十四年 | 国会开设之敕谕 | |
| 1882年 | | 明治十五年 | | |
| 1883年 | 鹿鸣馆（乔赛亚·康德）＋/伊达郡役<br>所（山内孝之助）/新潟县议会议事堂<br>（现新潟县政纪念馆，星野总四郎） | 明治十六年 | | |
| 1884年 | 宝山寺狮子阁（吉村松太郎）/鹈冈鹭<br>察署厅舍（高桥兼吉）/同志社大学彰<br>荣馆（D.C.Green） | 明治十七年 | 辰野金吾取代乔赛亚·康德成为工部大<br>学校教授 | |
| 1885年 | 银行集会所（辰野金吾）＋/东山梨郡<br>役所（苏羽芳造） | 明治十八年 | | |
| 1886年 | | 明治十九年 | 造家学会成立/工部大学校被改组纳入<br>新成立的帝国大学工科大学/恩德·柏<br>克曼事务所制订官厅集中计划 | 东京图书馆书库（现东京艺术大学红砖<br>二号馆，小岛宪之） |
| 1887年 | | 明治二十年 | | |
| 1888年 | 明治宫殿＋/涩泽荣一宅邸（辰野金<br>吾）＋/北海道厅本厅舍（平井晴次<br>郎）/登米高等寻常小学校校舍（现教<br>育资料馆） | 明治二十一年 | | |
| 1889年 | 明治学院因布里馆（高原弘<br>造）＋/埃菲尔铁塔（埃菲尔） | 明治二十二年 | 东京美术学校建校 | |
| 1890年 | 帝国议会临时议堂（吉井茂则）＋/<br>帝国酒店（渡边让）＋/东京音乐学校<br>主馆（现奏乐堂、山口半六＋久留正<br>道）/凌云阁（威廉·巴尔顿） | 明治二十三年 | 第一届帝国议会/丸之内一带土地转让<br>给三菱 | |
| 1891年 | 尼古拉堂/日本水准原点标库（佐立七<br>次郎） | 明治二十四年 | 浓尾地震 | |

| 年表 | 建筑（东京/东京以外/国外）<br>※"+"为现已不存在的作品 | | 社会动态/建筑界动态 | 《东京复古建筑寻影》<br>《东京现代建筑寻影》介绍的作品 |
|---|---|---|---|---|
| 1892年 | | 明治二十五年 | | |
| 1893年 | 芝加哥世界博览会日本馆"凤凰殿"＋/塔塞尔公馆（维克多·奥塔） | 明治二十六年 | | |
| 1894年 | 东京府厅舍（妻木赖黄）＋/三菱一号馆（乔赛亚·康德）＋/帝国奈良博物馆（现奈良国立博物馆奈良佛像馆，片山东熊）/担保大厦（路易斯·沙利文＋丹克马尔·阿德勒） | 明治二十七年 | | |
| 1895年 | 深川不动灯明塔（佐立七次郎）/帝国京都博物馆（现京都国立博物馆明治古都馆，片山东熊）/平安神宫（木子清敬＋伊东忠太）/雷恩莱斯大楼（Burnham＋Root） | 明治二十八年 | 第四届国内劝业博览会在京都召开 | 司法省厅舍（现法务省旧主馆，恩德等） |
| 1896年 | 日本银行总店主馆（辰野金吾）/新宿御苑旧洋馆御休所（片山东熊） | 明治二十九年 | | 岩崎久弥宅邸（现旧岩崎家住宅洋馆，康德） |
| 1897年 | | 明治三十年 | 维也纳分离派成立/造家学会更名（现日本建筑学会）/古社寺保存法制定 | |
| 1898年 | 分离派展览馆（约瑟夫·欧尔布里希）/田园城市设计理念（埃比尼泽·霍华德） | 明治三十一年 | | |
| 1899年 | 东京商业会议所（妻木赖黄）＋/日本劝业银行（妻木赖黄＋武田五一）＋/卡尔广场城铁站（奥托·瓦格纳） | 明治三十二年 | | |
| 1900年 | | 明治三十三年 | | |
| 1901年 | 山形师范学校主馆（现山形真音博物馆分馆教育资料馆） | 明治三十四年 | | |
| 1902年 | 熨斗大厦（丹尼尔·伯恩罕） | 明治三十五年 | 英日同盟缔结 | |
| 1903年 | 日本银行大阪分行（辰野金吾）/希尔住宅（查尔斯·麦金托什） | 明治三十六年 | 第五届国内劝业博览会在大阪召开/新艺术运动传入日本 | |
| 1904年 | 横滨正金银行总店（现神奈川县立历史博物馆，妻木赖黄）/大阪府立中之岛图书馆，野口孙市＋日高胖，1922年二期工程）/京都府厅（现京都府旧主馆，松室重光）/富兰克林路公寓（奥古斯特·佩雷） | 明治三十七年 | | |
| 1905年 | 横滨银行集会所（远藤於菟）＋ | 明治三十八年 | | |
| 1906年 | 帝国图书馆（现国际儿童图书馆，久留正道，1929年二期工程）/日本银行京都分行（现京都文化博物馆别馆，辰野金吾）/日本邮船小樽分店（佐立七次郎）/维也纳邮政储蓄银行（奥托·瓦格纳） | 明治三十九年 | | |
| 1907年 | 福岛行信宅邸（武田五一）＋/仁风阁（片山东熊）/日本圣公会京都圣约翰教会堂（James McDonald Gardiner） | 明治四十年 | 德意志制造同盟成立 | John Moody McCaleb 宅邸（现杂司谷旧宣教士馆） |
| 1908年 | 岩崎家高轮别邸（现东京阁，康德）/天镜阁 | 明治四十一年 | | 东京国立博物馆表庆馆（片山东熊） |
| 1909年 | 东宫御所（现迎宾馆赤坂离、片山东熊）/丸善书店（田边淳吉＋佐野利器）＋/AEG涡轮机工厂（彼得·贝伦斯）/罗比住宅（赖特） | 明治四十二年 | | 学习院图书馆（现学习院大学史料馆、久留正道） |
| 1910年 | 小寺家聚会（河合浩藏）/米拉之家（安东尼奥·高迪） | 明治四十三年 | 赖特作品集轰动欧洲 | |
| 1911年 | 帝国剧场（横河工务所）＋/竹田宫宅邸（现高轮格兰王子大饭店贵宾馆，片山东熊）/三井物产横滨分店（现KN日本大通大厦，远藤於菟）/维也纳路斯楼（阿道夫·路斯） | 明治四十四年 | | 庆应义塾大学图书馆（现图书馆旧馆，曾称中条建筑事务所） |
| 1912年 | 真宗信徒生命保险公司总部社屋（现西本愿寺传道院，伊东忠太） | 明治四十五年/大正元年 | | 万世桥站（现mAAch ecute神田万世桥） |

199

| 年表 | 建筑（东京／东京以外／国外）<br>※"←"为现已不存在的作品 | | 社会动态／建筑界动态 | 《东京复古建筑寻影》<br>《东京现代建筑寻影》介绍的作品 |
|---|---|---|---|---|
| 1913年 | 纲町三井俱乐部（康德）／学习院皇族寮（现学习院大学东别馆，宫内省内匠寮）／北投温泉公众浴场（现温泉博物馆，森山松之助）／伍尔沃斯大楼（Cass Gilbert） | 大正二年 | | |
| 1914年 | 东京站丸之内车站大楼（辰野金吾）／德意志制造同盟展（格罗皮乌斯+陶特等）←／新城市建筑想象图（圣伊里亚）／多米诺系统（柯布西耶） | 大正三年 | 第一次世界大战爆发（1914—1918年）／东京大正博览会在上野召开 | 日本桥三越本店（横河工务所）／锅岛藩男爵别庄（现拉斐尔餐厅） |
| 1915年 | 求道会馆（武田五一）／大谷派本愿寺函馆别院（伊藤平正正门） | 大正四年 | | 丰多摩监狱正门（后藤庆二等） |
| 1916年 | 明治学院礼拜堂（William Merrell Vories）／诚之堂（田边淳吉，迁至埼玉县深谷市） | 大正五年 | | |
| 1917年 | 古河宅邸（现旧古河庭园洋馆，康德）／日本基督教团安藤纪念教会（吉武长一）／横滨市开港纪念会馆／工业城市设计理念（托尼·加尼埃） | 大正六年 | 弗兰克·劳埃德·赖特、安托宁·雷蒙德为设计帝国酒店赴日 | 晚香庐（田边淳吉） |
| 1918年 | 东京海上大厦（曾称达藏）←／大阪市中央公会堂（冈田信一郎等） | 大正七年 | 米骚动 | 立教大学第一食堂（Murphy & Dana建筑事务所） |
| 1919年 | 旧朝仓家住宅 | 大正八年 | 凡尔赛条约签订／包豪斯学校建校（1919—1933年）／市街地建筑物法、都市计划法公布（规定建筑高度不得超过100尺） | 根津教会（P.S.Mayer） |
| 1920年 | 日本工业俱乐部会馆（横河工务所） | 大正九年 | 国际联盟成立、日本加入常任理事国／堀口舍己、山田守、石本喜久治等成立分离派建筑会 | |
| 1921年 | 明治神宫宝物殿（大江新太郎）／首个全玻璃帷幕大楼建筑案（密斯·凡·德·罗） | 大正十年 | | 自由学园明日馆（赖特，1921—1925年） |
| 1922年 | 东京会馆（田边淳吉）←／石丸男三郎宅邸（现I'Assemblee HIROO，西村伊作）／大丸心斋桥店（William Merrell Vories，1922—1933年）← | 大正十一年 | 和平纪念东京博览会召开 | |
| 1923年 | 帝国酒店（赖特）←／丸之内大厦（樱井小太郎）←／斯德哥尔摩市政厅（拉格纳尔·奥斯特伯格） | 大正十二年 | 关东大地震 | |
| 1924年 | 歌舞伎座（冈田信一郎）←／星药科大学主馆（雷蒙德）／山邑太左卫门别邸（现淀川制钢迎宾馆，赖特）／本野精吾自宅（本野精吾）／施罗德住宅（赫里特·里特弗尔德）／爱因斯坦塔（埃里希·门德尔松） | 大正十三年 | 同润会成立（1924—1941年） | 鸠山一郎宅邸（现鸠山会馆，冈田信一郎） |
| 1925年 | 东京中央电信局（山田守）／文化公寓（William Merrell Vories）←／东京大学安田讲堂（内田祥三+岸田日出刀）／芝加哥论坛报总部大楼（John Mead Howell+Raymond Hood） | 大正十四年 | 巴黎世界博览会（装饰艺术）召开 | 青渊文库（现涩泽史料馆，田边淳吉、早稻田大学图书馆（现会津八一纪念馆，今井兼次） |
| 1926年 | 同润会青山公寓←／内藤多仲宅邸（现早稻田大学内藤多仲博士纪念馆，木子七郎+内藤多仲）／住友大阪资本社工作部，1926—1930年）／包豪斯校舍（瓦尔特·格罗皮乌斯） | 大正十五年／昭和元年 | | 月岛警察署西仲通派出所（现警视厅月岛警察署西仲地区安全中心）／圣德纪念绘画馆（小林政绍） |
| 1927年 | 早稻田大学大隈讲堂（佐藤功一+佐藤武夫）／一桥大学兼松讲堂（伊东忠太）／德意志制造同盟住宅展白院聚落（密斯+柯布西耶等） | 昭和二年 | 昭和金融恐慌／上野、浅草间地铁开通 | 天主教筑地教会（吉罗吉亚斯神父等）／BORDEAUX←／小笠原伯爵宅邸（曾称中条建筑事务所） |
| 1928年 | 黑田纪念馆（冈田信一郎）／大仓集古馆（伊东忠太）／片仓馆（森山松之助）／听竹居（藤井厚二）／斯德哥尔摩公共图书馆（阿斯普隆德） | 昭和三年 | CIAM（国际现代建筑协会）成立（1928—1956年） | 旧东京市营店铺住宅／学士会馆（高桥贞太郎等）／早稻田大学演剧博物馆（今井兼次）／山本齿科医院／驹泽大学图书馆（现禅文化历史博物馆，菅原荣藏） |

| 年表 | 建筑（东京/东京以外/国外）<br>※"+"为现已不存在的作品 | | 社会动态/建筑界动态 | 《东京复古建筑寻影》<br>《东京现代建筑寻影》介绍的作品 |
|---|---|---|---|---|
| 1929年 | 日比谷公会堂、市政会馆（佐藤功一）/三井主馆/泰明小学校/三信大厦（横河工务所）+ | 昭和四年 | 世界大萧条/国宝保存法制定（1929—1950年） | 日本基督教团本乡中央教会（J.H.Vogel等）/目白圣公会 圣居普良教会（评井正太郎）/忍旅馆（现上田宅邸）/学生下宿日本馆/村林大厦（大林组） |
| 1930年 | 日本桥野村大厦（现野村证券日本桥总部大楼、安井武雄）/图根哈特别墅（密斯） | 昭和五年 | 昭和经济危机 | 米井大厦（森山松之助）/李王家东京宅邸（现赤坂王子大饭店经典馆，宫内省内匠寮） |
| 1931年 | 东京中央邮局（吉田铁郎）+/森五商店东京分店（现近三大厦，村野藤吾）/萨伏伊别墅（柯布西耶）/克莱斯勒大厦（威廉·凡艾伦） | 昭和六年 | 雅典宪章 | 大洋商会丸石大厦（山下寿郎）/黑泽大厦（石原晖一） |
| 1932年 | 服部钟表店（现和光百货，渡边仁）/东京工业大学水力实验室（谷口吉郎）+/大仓精神文化研究所（长野宇平治）/木村产业研究所（前川国男） | 昭和七年 | | 堀商店（公保敏雄等）/银座公寓（现奥野大厦，川元良一） |
| 1933年 | 明治屋京桥大厦（曾称中条建筑事务所）/清洲寮（大林组）/大阪瓦斯大厦（安井武雄）/神户女学院大学（William Merrell Vories） | 昭和八年 | 布鲁诺·陶特访日（1933—1936年） | 日本桥高岛屋（片冈安等）/高轮消防署二本榎办事处/桃乳舍/Teusler纪念馆（John van Wie Bergamini）/日本基督教团麻布南部坂教会（William Merrell Vories） |
| 1934年 | 筑地本愿寺（伊东忠太）/四谷第五小学校（现吉本兴业东京总部）/琵琶湖酒店（现琵琶湖大津馆，冈田信一郎） | 昭和九年 | | 明治生命总部大厦（现明治生命馆，冈田信一郎）/荣大厦 |
| 1935年 | 东京中央批发筑地市场/土浦龟城自宅（土浦龟城）/东京大学工学部1号馆（内田祥三） | 昭和十年 | | 山二片冈商店（现山二证券，西村好时）/和朗公寓（上田文三郎，1935—1937年） |
| 1936年 | 帝国议会议事堂（现国会议事堂）/吉屋信子宅邸（吉田五十八）+/日向别邸（布鲁诺·陶特） | 昭和十一年 | | 圣路加国际医院 圣路加礼拜堂（Bergamini）/山二证券株式会社（西村好时） |
| 1937年 | 庆应义塾幼儿园（谷口吉郎+曾称中条建筑事务所）/佐藤新兴生活馆（现山之上饭店、William Merrell Vories）/宇都市民馆（现宇都市渡边博纪念会馆，村野藤吾）/巴黎世博会日本馆（坂仓准三）+ | 昭和十二年 | | 东京帝室博物馆主馆（现东京国立博物馆主馆，渡边仁等）/东京神学校（东京路德中心大厦，长谷部锐吉） |
| 1938年 | 第一生命馆（现DN Tower 21，渡边仁+松本与作）/原邦造宅邸（现原美术馆，渡边仁）/东京递信医院（山田守）+/爱知县厅舍 | 昭和十三年 | | |
| 1939年 | 小石川植物园主馆（内田祥三）/松岛公园酒店（吉田五十八）+/大阪中央邮局（吉田铁郎）+/滋贺县厅舍（佐藤功一）/流水别墅（赖特） | 昭和十四年 | 第二次世界大战爆发（1939—1945年） | |
| 1940年 | 岸纪念体育会馆（前川国男）+/洛克菲勒中心（Raymond M. Hood等） | 昭和十五年 | 德意日三国同盟成立 | |
| 1941年 | | 昭和十六年 | 太平洋战争（1941—1945年）/住宅营团成立（1941—1946年） | |
| 1942年 | 前川国男自宅（前川国男） | 昭和十七年 | 中途岛战役 | |
| 1943年 | | 昭和十八年 | | |
| 1944年 | | 昭和十九年 | | |
| 1945年 | 岩国征古馆（佐藤武夫） | 昭和二十年 | 第二次世界大战结束 | |
| 1946年 | | 昭和二十一年 | 《日本国宪法》颁布/联合国成立 | |
| 1947年 | 纪伊国屋书店（前川国男）+/Geodesic Dome测地线拱顶设计（巴克敏斯特·富勒） | 昭和二十二年 | | |
| 1948年 | | 昭和二十三年 | 建设省成立 | |

| 年表 | 建筑（东京/东京以外/国外）<br>※ "+"为现已不存在的作品 | 社会动态/建筑界动态 | 《东京复古建筑寻影》<br>《东京现代建筑寻影》介绍的作品 |
|---|---|---|---|
| 1949年 | 庆应义塾大学4号馆（谷口吉郎）/大阪球场（坂仓准三）/伊姆斯住宅（伊姆斯） | 昭和二十四年《建设业法》公布 | |
| 1950年 | 目白之丘教会（远藤新）/立体最小限住宅（池边阳）+/八胜馆御幸之间（堀口舍己） | 昭和二十五年《建筑基准法》公布/《住宅金融公库法》公布/《文化遗产保护法》制定 | |
| 1951年 | 《读者文摘》东京分部（雷蒙德）+/神奈川县立近代美术馆主馆（坂仓准三）/志摩观光酒店（村中工务店）/芝加哥湖滨公寓（密斯）/范斯沃斯住宅（密斯） | 昭和二十六年 | 东京日法学院（现东京法语学院，坂仓准三） |
| 1952年 | 日本相互银行总行（前川国男）+/日本桥高岛屋增建（村野藤吾）/日活国际会馆（竹中工务店）/马赛公寓（柯布西耶）/利华大厦（SOM建筑设计事务所）/联合国总部大楼（华莱士·哈里森等） | 昭和二十七年 | |
| 1953年 | 法政大学53年馆（大江宏）+ | 昭和二十八年 | |
| 1954年 | 丹下健三自宅（丹下健三）+/我的家（清家清）/神奈川县立图书馆、音乐室（前川国男）/世界和平纪念圣堂（村野藤吾） | 昭和二十九年 经济高度增长期（1954—1973年）/瓦尔特·格罗皮乌斯访日 | |
| 1955年 | 吉阪隆正自宅（吉阪隆正）+/朗香教堂（柯布西耶）/昌迪加尔行政中心（柯布西耶） | 昭和三十年 日本住宅公团成立/勒·柯布西耶访日 | 国际文化会馆（坂仓准三等） |
| 1956年 | 东急文化会馆（坂仓准三）/秩父水泥第二工厂（谷口吉郎＋日建设计工务）/福岛县教育会馆（MID同人）/威尼斯双年展日本馆（吉阪隆正）/巴西利亚城规（奥斯卡·尼迈耶） | 昭和三十一年 日本加入联合国/十次小组成立（1956—1966年） | 天主教目黑教会（雷蒙德） |
| 1957年 | 东京都厅舍（丹下健三）+/读卖会馆（现Bic Camera有乐町店，村野藤吾）/Villa CouCou（吉阪隆正） | 昭和三十二年 | 东京都日比谷图书馆（现千代田区立日比谷图书文化馆，东京都建筑局）/霞关电话局（现NTT霞关大厦，日本电信电话公社建筑局） |
| 1958年 | 东京塔（日建设计工务＋内藤多仲）/空中住宅Sky House（菊竹清训）/香川县厅舍（现香川县厅舍东馆，丹下健三）/西格拉姆大厦（密斯） | 昭和三十三年 | |
| 1959年 | 世田谷区民会馆、区政府（前川国男）/大多襄町公所（今井兼次）/羽岛市厅舍（坂仓准三）/古根海姆博物馆（赖特） | 昭和三十四年 日本申奥成功、东京获得1964年奥运会举办权 | 国立西洋美术馆（勒·柯布西耶） |
| 1960年 | 五岛美术馆（吉田五十八）/大和文华馆（吉田五十八）/名古屋大学丰田讲堂（槙文彦）/拉图雷特修道院（柯布西耶） | 昭和三十五年 国民所得倍增计划/世界设计大会/新陈代谢派成立 | |
| 1961年 | 东京计划1960年（丹下健三）/群马音乐中心（雷蒙德）/盐野义制药研究所（坂仓准三） | 昭和三十六年 建筑上限高度31米规定作废，引进容积率限制概念/建筑电讯学派成立 | 东京文化会馆（前川国男）/日比谷电电大厦（现NTT日比谷大厦，日本电信电话公社建筑局） |
| 1962年 | 大仓饭店主馆（谷口吉郎）+/轻井泽山庄（吉村顺三）/山口银行总行（圆堂政嘉）/大分县厅舍（建设省九州地方建筑局）/纽约肯尼迪机场TWA航站楼（埃罗·沙里宁） | 昭和三十七年 | 雅典娜法语学校（吉阪隆正） |
| 1963年 | 三菱梦幻中心（日建设计工务）/莱斯特大学工程楼（詹姆斯·斯特林） | 昭和三十八年 第一次公寓购置热潮（1938—1964年） | 新东京大厦（三菱地所）/日本生命日比谷大厦 日生剧场（村野藤吾） |
| 1964年 | 国立代代木竞技场第一、第二体育馆（丹下健三）/日本武道馆（山田守）/武藏野美术大学鹰之台校区（芦原义信）/东光园（菊竹清训） | 昭和三十九年 东京奥运会召开/东海道新干线开通 | 秀和青山公寓（芦原义信）/碧央卡名苑（堀田英二）/纪伊国屋大厦（前川国男）/驹泽奥林匹克公园体育馆、管制塔（芦原义信）/驹泽田径场（村田政真） |

| 年表 | 建筑（东京/东京以外/国外）<br>※"+"为现已不存在的作品 | | 社会动态/建筑界动态 | 《东京复古建筑寻影》<br>《东京现代建筑寻影》介绍的作品 |
|---|---|---|---|---|
| 1965年 | 大学研修馆（现八王子研修馆，吉阪隆正）/Co-op Olympia（清水建设）/香川县文化会馆（大江宏） | 昭和四十年 | 大阪获得1970年世博会举办权/国际古迹遗址理事会（ICOMOS）成立 | |
| 1966年 | 国立剧场（竹中工务店）/中野百老汇/国立京都国际会馆（大谷幸夫）/大分县立大分图书馆（现大分市 Art Plaza，矶崎新） | 昭和四十一年 | 披头士乐队访日公演 | 国际大厦、帝国剧场（谷口吉郎等）/巴乐斯赛德大厦（日建设计工务）/新桥站前大厦1、2号馆（佐藤武夫）/有乐町大厦（三菱地所）/千代田生命总部大楼（现目黑区综合厅舍，村野藤吾）/新宿西口广场（坂仓准三）/日本基督教团东京山手教会（RIA+毛利武信） |
| 1967年 | 塔之家（东孝光）/猪俣宅邸（吉田五十八）/秀和外苑公馆/栖息地67（莫瑟·萨夫迪） | 昭和四十二年 | | 静冈新闻广播东京支社（丹下健三）/新有乐町大厦（三菱地所）/尤加里文化幼儿园（丹下健三） |
| 1968年 | 霞关大厦（三井不动产+山下设计）/东京国立博物馆东洋馆（谷口吉郎）/普连土学园（大江宏）/成田山新胜寺大本堂（吉田五十八） | 昭和四十三年 | 文化遗产保护委员会、文部省文化局合并为文化厅/第二次公寓购置热潮（1968—1969年） | 安与大厦（明石信道）/国立国会图书馆（MID同人等） |
| 1969年 | 一番馆（竹山实）/青山大厦（吉村顺三）/岸信介宅邸（坂本山旧岸本地，吉田五十八）+ | 昭和四十四年 | | 代官山集合住宅（一期，槙文彦）/Lawn咖啡厅（池田胜也）/满愿寺（吉田五十八） |
| 1970年 | 第三蓝天大厦（现军舰东新宿大厦、渡边洋治）/樱台地东合住宅（内井昭藏）/佐贺县立博物馆（高桥䂓+内田祥哉） | 昭和四十五年 | 大阪世博会召开/建筑上限高度31米规定彻底作废、改为容积率限制 | |
| 1971年 | 外务省饭仓公馆、外交史料馆（吉田五十八）/POLA五反田大厦（日建设计）/北海道开拓纪念馆（现北海道博物馆，佐藤武夫） | 昭和四十六年 | | NEW新桥大厦（松田平田坂本设计事务所）/塞尼纳名苑（坂仓建筑研究所） |
| 1972年 | 弗雷斯卡名苑（坂仓建筑研究所）/格洛丽亚名苑（大谷研究室）/反住器（毛纲毅旷） | 昭和四十七年 | 第三次公寓购置热潮（1912—1973年） | 养乐多总部大楼（圆堂政嘉）/中银胶囊塔（黑川纪章）/东京赞岐会馆（现东京赞岐俱乐部，大江宏）/宫崎县东京大厦（坂仓建筑研究所）/三越迎宾馆（现驹泽大学深泽校区洋馆，吉田五十八） |
| 1973年 | 所泽圣地陵园礼拜堂、纳骨堂（池田义郎）/悉尼歌剧院（约恩·乌松+奥韦·阿鲁普）/世界贸易中心（山崎实）+ | 昭和四十八年 | 第一次石油危机 | 代官山集合住宅（二期，槙文彦）/相生之屋（中野组设计部） |
| 1974年 | 最高法院（冈田新一）/东京海上大厦（现东京海上日动大厦，前川国男）/新宿住友大厦（日建设计）/新宿三井大厦（三井不动产+日本设计）/原宅邸（原广司） | 昭和四十九年 | 国土厅成立 | 现代名苑（坂仓建筑研究所） |
| 1975年 | 东京都美术馆（前川国男）/福冈银行总行（黑川纪章） | 昭和五十年 | | From-1st大厦（山下和正） |
| 1976年 | 中野本町之家（伊东丰雄）+/美国驻日大使馆（西萨·佩里）/住吉长屋（安藤忠雄） | 昭和五十一年 | | 麴町大楼（村野藤吾） |

**图书在版编目（CIP）数据**

东京现代建筑寻影／（日）仓方俊辅著；牛丹迪译. —武汉：华中科技大学出版社，2020.6

（日本建筑流金岁月）

ISBN 978-7-5680-6156-8

Ⅰ.①东… Ⅱ.①仓… ②牛… Ⅲ.①建筑艺术–介绍–东京 Ⅳ.①TU-863.13

中国版本图书馆CIP数据核字（2020）第089440号

本作品简体中文版由日本X-Knowledge授权华中科技大学出版社有限责任公司在中华人民共和国境内（但不含香港、澳门和台湾地区）出版、发行。

湖北省版权局著作权合同登记　图字：17-2020-046号

## 东京现代建筑寻影

Dongjing Xiandai Jianzhu Xunying

[日] 仓方俊辅 著
牛丹迪 译

出版发行：华中科技大学出版社（中国·武汉）　　电话：(027) 81321913
　　　　　北京有书至美文化传媒有限公司　　　　　(010) 67326910-6023
出 版 人：阮海洪

责任编辑：莽　昱　刘　韬
责任监印：徐　露　郑红红　　封面设计：邱　宏

制　作：北京博逸文化传播有限公司
印　刷：北京金彩印刷有限公司
开　本：635mm×965mm　　1/32
印　张：6.375
字　数：68千字
版　次：2020年6月第1版第1次印刷
定　价：79.80元